家具设计流程
The Process of Furniture Design

主　编　张克非

辽宁美术出版社
Liaoning Fine Arts Publishing House

序 >>

当我们把美术院校所进行的美术教育当作当代文化景观的一部分时，就不难发现，美术教育如果也能呈现或继续保持良性发展的话，则非要"约束"和"开放"并行不可。所谓约束，指的是从经典出发再造经典，而不是一味地兼收并蓄；开放，则意味着学习研究所必须具备的眼界和姿态。这看似矛盾的两面，其实一起推动着我们的美术教育向着良性和深入演化发展。这里，我们所说的美术教育其实有两个方面的含义：其一，技能的承袭和创造，这可以说是我国现有的教育体制和教学内容的主要部分；其二，则是建立在美学意义上对所谓艺术人生的把握和度量，在学习艺术的规律性技能的同时获得思维的解放，在思维解放的同时求得空前的创造力。由于众所周知的原因，我们的教育往往以前者为主，这并没有错，只是我们需要做的一方面是将技能性课程进行系统化、当代化的转换；另一方面，需要将艺术思维、设计理念等这些由"虚"而"实"体现艺术教育的精髓的东西，融入我们的日常教学和艺术体验之中。

在本套丛书出版以前，出于对美术教育和学生负责的考虑，我们做了一些调查，从中发现，那些内容简单、资料匮乏的图书与少量新颖但专业却难成系统的图书共同占据了学生的阅读视野。而且有意思的是，同一个教师在同一个专业所上的同一门课中，所选用的教材也是五花八门、良莠不齐，由于教师的教学意图难以通过书面教材得以彻底贯彻，因而直接影响教学质量。

在中国共产党第二十次全国代表大会上，习近平总书记在大会报告中指出："教育、科技、人才是全面建设社会主义现代化国家的基础性、战略性支撑……全面贯彻党的教育方针，落实立德树人根本任务，培养德智体美劳全面发展的社会主义建设者和接班人。坚持以人民为中心发展教育，加快建设高质量教育体系，发展素质教育，促进教育公平。"党的二十大更加突出了科教兴国在社会主义现代化建设全局中的重要地位，强调了"坚持教育优先发展"的发展战略。正是在国家对教育空前重视的背景下，在当前优质美术专业教材匮乏的情况下，我们以党的二十大对教育的新战略、新要求为指导，在坚持遵循中国传统基础教育与内涵和训练好扎实绘画（当然也包括设计、摄影）基本功的同时，借鉴国内外先进、科学并且灵活的教学方法、教学理念以及对专业学科深入而精微的研究态度，努力构建高质量美术教育体系，辽宁美术出版社会同全国各院校组织专家学者和富有教学经验的精英教师联合编撰出版了美术专业配套教材。教材是无度当中的"度"，也是各位专家多年艺术实践和教学经验所凝聚而成的"闪光点"，从这个"点"出发，相信受益者可以到达他们想要抵达的地方。规范性、专业性、前瞻性的教材能起到指路的作用，能使使用者不浪费精力，直取所需要的艺术核心。从这个意义上说，这套教材在国内还具有填补空白的意义。

目录 contents

前言 >>

家具设计流程是设计师完成一项家具设计的方法与工作过程，一件家具从无到有，从最初的方案确立、开始研发到最后出现在消费者手中，都需要经过一个科学、复杂、周密、严谨的过程。设计不能取巧于"拿来主义"，设计师所承接的家具设计不应成为自己的专属物品，因此不能按照自己的喜好去设计。作为一名优秀的设计师一定要把使用者的利益放在头等位置去考量，综合客户的需求结合使用的实际情况去规范整个设计。有市场的设计才是成功的，设计师的设计生命要靠成功的设计作品来维系。有个性的设计作品应该得到嘉奖与鼓励，但前提是这个设计师已经能够准确把握市场的规律，已经设计过并能够设计出符合消费者需求的家具。

全球公认最具创造力且多产的家具设计师——汉斯•瓦格纳，他的作品是一种"每一天都可以享有的快乐"。瓦格纳几乎获得了所有重要的设计奖项，他的家具也因此成为全世界设计博物馆的收藏品。瓦格纳的设计理念是"家具不能单用眼睛来判断，我们必须用背部和手的接触来感受"。瓦格纳的家具设计使用这样的方式去体验，是最容易通过测试的。汉斯•瓦格纳的家具设计大量借鉴了中国古典家具的设计元素与语言，同样都反映出功能化、简洁化的设计思想。尤其是他的椅子设计体现得最为突出，结构科学，充分阐述了材料的个性，造型完美、细节完善、亲切舒适、安静简朴，一改国际主义的机械冷漠，在设计过程中，他就非常注重设计流程，被人们称为"椅子"大师。当今丹麦木制家具得以闻名于世界首先应归功于他。

概括来说，家具设计流程就是设计师紧紧把握住消费者心理与社会需求相结合的规范的设计过程，正确的设计流程是通往规范设计的渠道，想要成为一名成功的家具设计师，认真研究学习市场销售成功的家具设计流程是一门必修课。

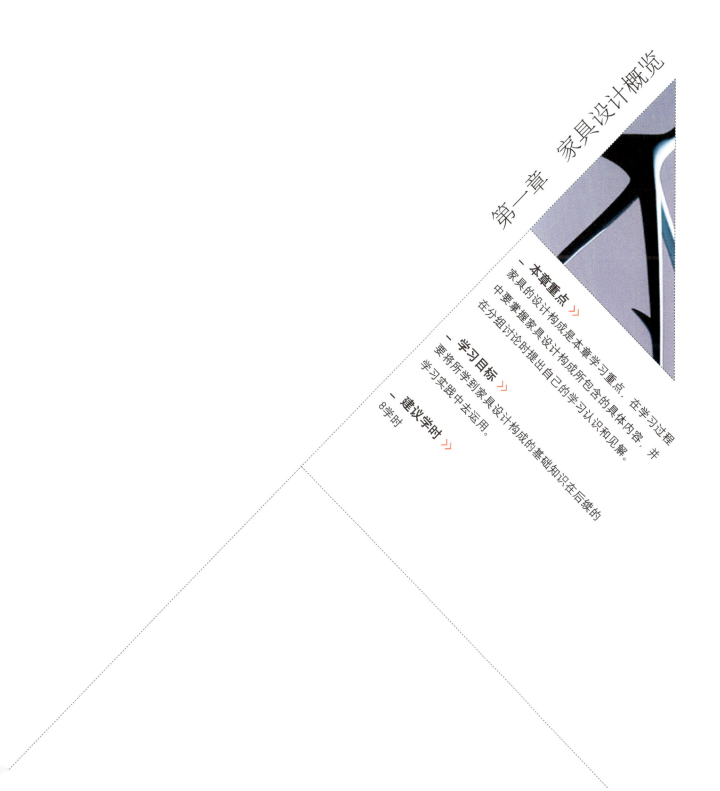

第一章 家具设计概览

一、本章重点 》

家具的设计构成是本章学习重点，在学习过程中要掌握家具设计构成所包含的具体内容，并在分组讨论时提出自己的学习认识和见解。

二、学习目标 》

更将所学到家具设计构成的基础知识在后续的学习实践中去运用。

三、建议学时 》

8学时

第一章 家具设计概览

第一节 ///// 设计的概念

所谓设计，指的是一种计划、规划、设想、解决问题的方法，是通过视觉方式传达出来的活动过程。

现在，设计不单纯指视觉上可以感知的形和色，像使用方法、思维方式等看不见的部分也被包括在设计的范畴之中。

虽然对设计的解释在范围的大小或角度的选择上略有出入，但设计的本质，无论在哪个领域都是一样的。英国的布尔斯·阿查（Bruce Archer）对设计下的定义是："有目的地解决问题的行为。"所谓进行设计，即"抱有关于整个系统或人工物或其集合体的设想，预先决定其细部的处理办法"。这说明，设计不是单靠个人的兴趣和感觉来解决问题的，设计要有明确的目的，与相邻的领域相对应，是由许多设计者协同作业来进行的。

单纯地就设计本质来讲，设计是伴随着人类造物的产生而发生和发展的。设计以造物为对象，造物以设计为前提，两者是手段与目的、过程与结果的关系。当人类第一件工具被制造出来时，设计已本质性地存在了。设计是人类改变原有事物，使其变化、增益、更新、发展的创新性活动。其本质表现在以下四个方面：

一、设计是造物等生产、建设活动的手段和前期过程，即将预期目的、观念具体化、实体化的手段，是第一步骤。可以说，没有设计，就没有造物、生产和建设。

二、设计是一种创造性活动，创造是设计的本质属性。人类在造物和生产活动之前的设想和筹划必须是新的、具有未来意义的、是进步发展型的，因此，

这种预期的设想和筹划必然是创造性的，它存在于整个创造过程之中。

三、设计是科学技术艺术化、生活化的存在方式，是科学技术与艺术结合的产物，是科学技术向生活转化的通道。在设计史上，科学技术总是通过跟艺术结合的方式与人们的生活发生联系，科学技术要进入人的生活，不与艺术相结合就不可能在人类的生活中有所体现。

四、设计是艺术的一种生活方式或形式。作为一种创造活动，它具有根本性的审美取向，是创造美和物化美的手段和过程。无论是实用的、功能的目的性之美，还是形式和方式上的美的实现都是设计的主要任务。设计的目的是创建一个美好的世界，无论是物的小世界还是环境的大世界，这是一个美好的世界、艺术的世界。它是艺术为生活服务的一种方式，是艺术、科学通向生活的桥梁，又是生活走向艺术，使生活艺术化的桥梁。

以上四个方面的内容表明，设计绝不仅仅是对产品和环境本身的设计，也是对人类生存方式、生活方式的设计，对美好未来的设计。

设计的领域非常庞大，许多人把这个庞大的体系进行了分析，从人与自然、与社会的三角关系上来概括设计的领域。人和自然之间，人面对自然，为了生存和生活，创造了工具这种装备；人和社会之间，为了传达意图，产生了精神性的装备；社会与自然之间，存在着环境的装备，这就产生了相对应的产品设计（product design）——家具设计（furniture design）、传达设计（communication design）、环境设计（environment design）。

第二节 ///// 家具的设计构成

一、家具

家具（Furniture）是指能够提供给市场，被人们使用和消费，并能满足人们某种需求的用具。包括有形的物品，无形的服务、组织、观念或它们的组合。

家具的制造与销售包含三个部分，即核心部分、形式部分、延伸部分。核心部分是指整体家具提供给购买者的直接利益和效用；形式部分是指家具在市场上出现的物质实体外形，包括家具的品质、特征、造型、商标和包装等；延伸部分是指整体家具提供给顾客的一系列附加利益，包括运送、安装、维修、保证等在消费领域给予消费者的好处。

二、家具设计

现代家具设计是一个创造性的综合信息处理过程，通过材料、结构、形态、色彩等把家具显现在人们面前。它将人的某种目的或需要转换为一个具体的物理形式或工具的过程，把一种计划、规划设想、问题解决的方法，通过具体的载体、以美好的形式表达出来。

家具设计反映着一个时代的经济、技术和文化。由于家具设计阶段要全面确定整个家具外观、结构、功能，从而确定整个生产系统的布局，因而，家具设计的意义重大，具有"牵一发而动全局"的重要意义。如果一个家具的设计缺乏生产观点，那么生产时就将耗费大量费用来调整和更换设备、物料和劳动力。相反，好的家具设计，不仅表现在功能上的优越

性，而且便于制造、生产成本低，从而使家具的综合竞争力得以增强。许多在市场竞争中占优势的企业都十分注重家具设计的细节，以便设计出造价低而又具有独特功能的家具。许多发达国家的公司都把设计看作热门的战略工具，认为好的设计是赢得顾客的关键。

三、家具的形态特征

1.家具的形态特征表现为以下两个方面

（1）它是人们有目的性的行为成果，直接用于满足人们的某种需要，因此其形态必须符合人的目的性，将"需要""目的""意向"和"心理特征"凝结在其中。

（2）由于人的造物活动都是在一定的社会关系中进行的，因此所设计的家具会带有社会性特征，成为特定社会文化的产物。这就使家具随着社会历史的发展而演化，同一种家具设计会在不同时代有不同的面貌。

2.家具的形态构成

"系统论"的观点认为，任何家具都是由各种材料按照相应的结构形式组合起来的系统，用于实现特定的功能。在这里，材料、结构、形式和功能便是家具所不可缺少的构成要素。

（1）材料

材料是家具的物质基础，家具的形态是通过具体的家具材料来表达的，制作任何家具都要用一定的材料来完成，其制造过程是把材料由素材转化为产品要

素的过程，不同的材料有不同的特性，这就需要在家具设计中尽可能地做到显瑜掩瑕，将其物质材料的属性升华为审美属性，根据其使用目的将材料与特定的创造目的相吻合。作为家具构成的物质要素，材料可以分为结构材料和功能性材料，前者构成家具的结构实体（如木材等），后者为使用家具时的物质消耗品（如家具油漆等）。在家具形态中结构材料表现出以下特征：①标志着生产力的水平；②表现时代特征；③表现风格；④表现审美；⑤社会性——表现风俗（地域性和习惯性）、表现知识、表现道德理想、表现社会阶层。图1~图4为四种主要材料的家具制作。

图3 软体家具

图1 木质家具

图2 金属家具

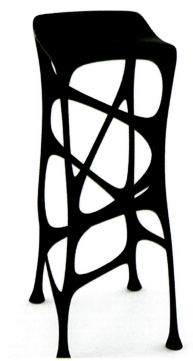

图4 树脂家具

（2）结构

家具中各种材料的相互联结和作用方式称为结构。家具总是由材料按照一定的结构方式组合起来的，从而发挥其功能效用。材料是结构的物质承担者，结构是家具物质功能的载体。家具结构具有三个特点：

①层次性：指根据家具形态复杂程度的不同，其结构包含零件、组件和部件等不同隶属关系的组合关系。

②有序性：指家具的结构要使各种材料之间建立合理的联系，即按照一定的目的性和规律性组成。家具设计和生产过程就是将家具的各种材料由无序转化为有序，有序性是家具实现其功能的重要保证之一。

③稳定性：指家具作为一个有序的整体，无论处于静态或是动态，其各种材料之间的相互作用都能保持一种平衡状态。因此，在结构设计中要充分考虑到构件受力的变形、受热的膨胀、运动的磨损以及各种外界的干扰所产生的影响等。结构的稳定性能确保家具功能的可靠（在使用期限内让功能有效地发挥）和安全。

另外，结构与功能之间并不是单一对应的关系，同一种功能可以由不同的结构和技术方法来实现（比如坐具等），功能与结构是双向多层对应的关系（图5、图6）。

图5 部分榫卯结构

图6 金属件连接结构家具

（3）形式

家具的形式是材料和结构的外观表现，即各种物质要素的外观如形态、色彩、质地等，它们能直接为人所感知。家具只有通过形式才能成为人的感知对象，使人们对它产生认知的、行为的和感情的反应，从而发挥其物质功能和精神功能。形式作为家具造型的结果，可以发挥信息传递作用，由此构成一种符号或家具语言。它通过造型手段告诉人们：这个家具是什么风格，有什么功能，怎样操作和意味着什么，由此使产品与消费者之间实现对话。不仅如此，形式还是家具发挥认知和审美功能的依据，是家具外观质量的传达者。那么，决定家具形式的因素是什么呢？显然，只有材料因素、结构因素、技术因素和经济因素还不够，更重要的一项是功能因素。这个功能不仅是实用的物质功能，还包括精神功能。功能决定形式，也就是家具的形态大多取决于家具的实用性，一般采用抽象形式来表达，通过对称与均衡、节奏与韵律、比例与尺度、对比与调和、多样与统一等形式美法则的综合运用，达到和谐与简练的审美效果，实现其形态美的要求，单独地、孤立地使用某一形式法则是不

正确的。无论用什么造型手法其目的都应满足以下三点：一是任何家具的造型都必须满足使用功能的要求；二是任何家具的造型都必须结构合理并与良好的结构性能一致，便于生产，保证质量，降低成本；三是家具造型的形式美应是美的规律的综合体现，要求形体完整、重心合理、比例恰当，既有平衡之优美又有均衡之严整，既整齐严整又要静中有动，做到整体的线、面、体、颜色、质地的对比与统一，体量的分布和空间的安排力求层次分明，并与建筑空间环境相协调。

①变化和统一

统一与变化这一规律是客观存在的，现代自然科学的发展，已经深刻地揭示整个世界都是一个物质的、和谐的有机整体。在人类的生活范围内我们所看到的自然界中，一切事物都有一定的规律，如树有枝干、果、叶，并形成和谐统一的整体，即使一些不对称的动物，如田螺亦有其独特的规律——呈螺旋状，具有渐变有规律的韵律感。这些自然界中统一、和谐的本质属性，反映在人的大脑中就会形成完美的观念，这种观念自然会支配着人的一切创造活动，家具设计也不例外。任何一个好的造型设计，它的各部分之间应该是既有区别又有其内在联系，都力求将变化和统一完美结合起来，即统一中有变化、变化中有统一，所以我们日常生活中，一切物象欲成奇美，以及任何一种完美的造型必须具有统一性，这是美的重要原理。

把各个变化因素有机地统一在一个整体中，给人一种一致的或具有一致倾向的感觉，是一种有秩序的表现。它应该是和谐、庄重、有静感，但过分统一会显得刻板单调。

统一与变化在家具设计中的应用：家具是由一系列相互关联的部件组成。每个部件由不同的线条、

形态或材质构成。其造型的变化主要体现为：线的曲直、形状的多样、材质和颜色的多样等。在变化中寻求统一的方法是：在造型方面的线形、质地和色彩等方面去挖掘它们一致性的东西，去寻找相互之间的内在联系。比如一套家具，每件都因用途不同形成的体量形态也各不相同，这是它们之间的差异，即变化的因素，但从每件上又可看到它们之间存在着一致的因素，单件家具亦是如此（图7、图8）。

主要的对比与统一表现在：

大小对比与统一 ——面积。

形状对比与统一 ——线、面、体、曲直。

方向对比与统一 ——垂直于水平。

虚实对比与统一 ——实体与空洞。

质地对比与统一 ——不同材质的协调。

光影对比与统一 ——凹凸变化。

图8 该休闲椅既有造型的变化，又有材质和表现语言的统一。

②韵律

有规律的重复和变化。无论是造型、色彩、材质，乃至于光线等形式要素，在组织上合乎某种规律时所给予视觉和心理上的节奏感觉。其表现手段建立在比例、重复或渐变的基础上。在家具设计中往往必须适度应用韵律的原理，使静态的空间产生微妙的律动感觉，才能打破沉闷的气氛而制造生动的感受。

具体的表现方法有：

a.家具构件的排列：家具的功能要求决定了结构构件的排列形式，这些形式常常是家具形体具有韵律感的基本前提。如椅子的靠背、床头的栏杆、橱柜拉手的安装，都是由相同的构件排列在一起，自然地形成一种韵律感（图9）。

b.家具的装饰处理：家具上的装饰，如雕刻图案、镶嵌、薄木贴花等，只要具有连续性和重复性，有意识地运用韵律法则，就能得到优美的韵律感。

c.家具的组合：家具的组合有两种，一是单一功能的组合排列，如影剧院观众厅中座椅的排列，公共建筑大厅中沙发、座椅的排列等；二是多功能组合柜并列组合，如商展会中展览架、陈列柜、展览台、平

图7 明式四出头官帽椅，作为明式家具的典范之作，该椅整体浑然天成，和谐庄重，横平竖直的交接之间又有弧度自然的搭脑、靠背、扶手、联邦棍，线面处理得当，对比丰富，给人一种秩序感和层次感。

图9 该休闲椅单个标准件的重复和变化,极富韵律感。

立面的综合陈列,以及商店中家具有序的布置等,都是家具组合形成韵律。

d.成套家具的和谐:为了使成套家具之间和谐统一、有韵律感,通常是让各单件家具形态的某些特点、构件重复出现,重点强调造型中的某些共同特征,如采用同样形式的线条、拉手、脚型,相似的形体,均衡的体量,以及各部分的接合采用同样的规律,让造型彼此之间联系与呼应。

e.色彩的表现:通过色相、明度、纯度的某种移动变化和反复,也能产生韵律与节奏。

③对称与均衡

对称与均衡是动力与重心两者矛盾的统一所产生的形态。它能保持五项外观匀称的感觉,凡具有美感的东西,都具有对称与均衡的特征。这种特征往往显得安静、舒适、完整、和谐而不失变化的感觉,成为造型设计及装饰艺术运用较多的一种形式法则。自古以来,它就被认为是形式美的主要条件之一。对称与均衡的形式美通常是以等形等量或等量不等形的形态,依中轴或支点出现的形式。对称与均衡是家具造型设计中必须掌握的基本技法之一,无论从单件家具

的形体处理、前立面划分,还是组合家具的造型设计,都离不开这一形式法则。

对称与均衡在家具设计中的应用:对称与均衡的构图原理和表现手法要与家具的功能特点紧密地联系起来,这种布局不仅在功能和结构上要合理,而且要符合审美要求。一般来说,对称的构图取决于这种或那种家具类型的特点,如坐具因为和人体有直接关系,而人体正面是对称形的,所以单件坐具正面是对称形态的,而侧立面则是均衡的形态。有些家具的

图10 对称与均衡

图11 对称与均衡

使用功能的要求与人体的功能要求并不十分严格，如写字台、各类橱柜等，其里面的形式可以做成多种样式，在满足使用功能的前提下，可设计成对称式或均衡式。其样式的选择与室内环境和其他家具的协调是非常重要的（图10、图11）。

④比例与权衡

a.比例的概念——任何形状的物体都存在着三个方向，即长、宽、高的度量，比例所研究的是这三个方向度量之间，局部和整体之间匀称的关系。在研究家具造型设计的时候，首先遇到的就是比例，因为家具是由多种不同的构件组成，这些构件都应在一定部位统一在整体的外形比例之中，即使是同一功能要求的家具，由于比例不同，所得到的艺术效果也是不同的。良好的比例是求得形式上的完整和谐的基本条件，是家具形式美的重要因素之一，是造型设计中用于协调家具尺寸的手段。

b.家具造型的比例设计——家具造型比例首先

必须和人体尺寸及使用方法联系起来；其次是家具本身局部与局部、局部与整体的比例关系决定着造型的美。

c.比例的法则——比例在家具形态上的表现同建筑设计一样，总是要通过运用一定的数值或几何关系来完成，因此数学和几何学的某些规律与家具形式美和人的美感经验之间必然会存在某种隐晦的或明显的关系。比如黄金比率，即将已知长度分为大小两个部分，要使小的部分和大的部分之比等于大部分和全部长度之比，其数值为0.618。这一数值与人体脚到脐部的高度和脐部到头顶的距离数值比是一样的，掌握人体基本尺寸也是必要的（图12）。

权衡是指家具与环境、家具与家具之间、家具的各局部与局部之间和家具的局部与整体之间的比例关系的处理方法。这种权衡有主观的作用，也有客观的标准，设计师在处理这些标准时，往往是在使用功能的前提下，通过感性认识和直观表现，不自觉地反映

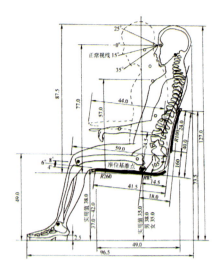

中靠背座椅的功能尺寸（小原二郎）（单位：cm）

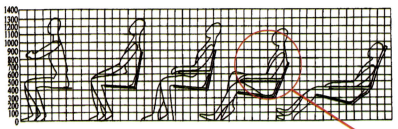

不同座椅部分功能尺寸的变化与对比

扶手

扶手常用于办公椅和休息椅，其功能主要有：①落座、起身或需要调节体位时用手臂支撑身体，这对躺椅、安乐椅尤其必要；②支承手臂重量，减轻肩部负担；③对座位相邻者形成隔离的界线，这一点有实际的和心理的两方面作用。从扶手的三项功能可知，扶手设计的关键参数是它的高度。扶手过高，会使肩部被耸起，如图（a）所示；扶手过低，则起不到支承小臂（部分）重量的作用，如图（b）所示。这两种情况都会使肩部肌肉受力紧张。为避免上述两种情况，座位扶椅高度宜略小于坐姿人体尺寸中的"坐姿肘高"。

靠背

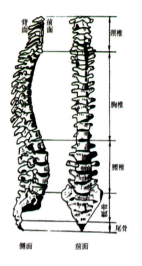

侧面　　　前面

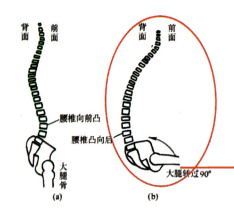

坐姿脊柱形态的变化

(a) 站着，腰椎前凸　(b) 坐着，腰椎凸向后

名称	支承特性	支承中心位置	靠背倾角	座面倾角	适用条件
低靠背	1点支承	第三、四腰椎骨	≈93°	≈0°	工作椅
中靠背	1点支承	第八胸椎骨	105°	4°～8°	办公椅
高靠背	2点支承	上：肩胛背下部 下：第三、四腰椎骨	115°	10°～15°	大部分休息椅
全靠背	3点支承	高靠背的2点支承，再加头枕	127°	15°～25°	安乐椅、躺椅等

图12　座椅基本造型与人体尺寸的关系分析

(a) 扶手过高　(b) 扶手过低

座面

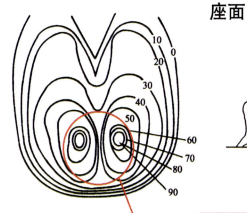

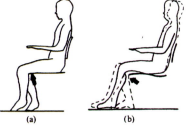

造成腘窝受压的两种原因
(a) 座面过高 (b) 座面过深

椅面上适宜的体压分布
（单位：$X10^2Pa$）

按椅面的体压分布状况来确定座面的弧度

扶手高度适中，手臂放置自然舒适。

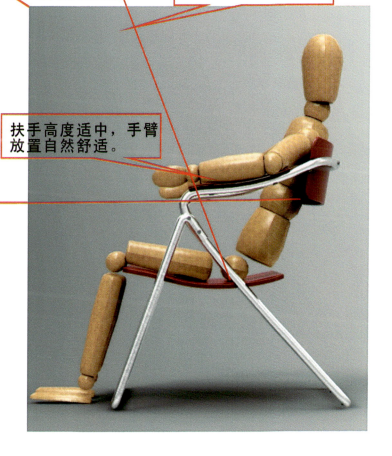

了作为客观存在的美学法则规律，其反映的正确和深刻程度则取决于设计人员艺术水平的高低。由于许多错综复杂的因素，使得在实际设计中比例推敲成为一个非常辛苦的艺术创作过程，设计师要凭自己对功能、材料和生产技术的深刻理解，用高度的艺术素养和技巧锻炼，全面地、辩证地解决好比例的共性与个性的问题，既要满足功能使用要求，又要符合造型的审美要求。

在家具的材料、结构类型和实用功能已经确定时，形式在技术条件的制约下所允许的变化范围，称为形式的自由度。它为设计师在家具造型中发挥创造性提供了自由空间。不同类型的家具，其形式自由度的大小是不同的。

（4）功能

家具的功能是指家具通过与环境的相互作用而对人发挥的效用。家具是为了满足人的某种需要而设计制造的，它的功能专指对人发挥的效用，是主要的设计要素，它对家具的结构和形态起着主导和决定性的作用。不同的功能会产生不同的形态，同时它还需要满足人类多种多样的生活需求，做到舒适、方便、易于清洁、坚固耐用，离开了人的需要，产品便失去了存在的价值。当表示家具功能的性能指标和技术规格与人的需要相关联时，其功能才具有意义。家具设计时，无论是材料的利用、结构形式的选择、造型形态以及工艺的处理，都不能离开家具功能这一核心。设计的创造意义正是在于通过对家具功能的开拓来实现对人的生活方式和劳动方式的改变，从而提高人们的生活质量和整个人类的文明水准（图13）。

功能的三分法：由于角度不同，对功能的分类方式和界定有很多种，这里是将功能分为实用、认知和审美三个方面，它们共同构建了家具对使用者的物质和精神功能。

实用功能——指家具用于满足人的物质需要的属性，它反映在家具的技术性能、环境性能和使用性能方面。技术性能意指家具的科技内涵，主要取决于家具的技术选择。环境性能是反映家具与其使用中的环境协调状况（比如工作噪音、温度变化等）。使用性能是实用功能的重要方面，是家具功能构成之本，以满足人们物质需求和提高人们物质生活品质为目的。

在精神功能方面，从符号的标识到操作的指示，从造型因素的象征作用到信息的传达，从家具对情感的激发到功能目的的意义表现，都是由人的感知引发的意识内容和心理效应。从人的心理需要上可以分为两种不同性质的精神功能，即认知功能和审美功能。

认知功能——是指人的认识活动过程，它是对外部信息的输入和思维加工。家具的认知功能是通过造型因素即家具语言告诉人们：这是什么，有什么用，怎样使用以及意味着什么等。如果人们搞不清楚一个家具功能是什么，它的用途及其意义，也就无从审美。所以说，家具的认知功能是实现实用功能和审美功能的前提。它以实现家具与人的对话和沟通为目的。

审美功能——精神（美化环境）审美需要设计要求必须具有审美性，在人类进入文明史以来，对美的追求就没有停止过。即使是完全用来使用的工具和生产机器，都希望它好看，更何况是放在建筑室内中与人的生活密切相关的家具，当然更希望它能尽善尽美。它是通过家具的外在形态特征给人以赏心悦目的感受，唤起人们的生活情趣和价值体验，使家具具有对人的亲和力。审美功能是通过家具形式的创造取得的。它应围绕家具的内涵而展开，并与其使用目的和应用环境相协调。

图13 家具的部分功能

第三节 //// 东方设计思想

历史学家认为，人类的历史是思想的历史。只有通过对思想的了解，才能真正地认识历史。人的行为过程决定于人的思想过程，在设计领域，最终决定设计行为的是设计思想。设计是一项系统工程，它所涉及的内容非常多。没有一个明确的指导思想，是很难圆满完成一项完整的设计过程的。历史发展到今天，为我们展现了一个丰富的物质世界，在这背后，也让我们看到了同样丰富的设计思想。这里首先要介绍在有着数千年文明史的中华大地的造物实践中所产生的丰富而深邃的设计思想。这些思想虽然产生的时间距今久远，但在今天的设计实践中仍具有其指导意义，并且在当今世界的设计界中也能感受到它所带来的影响。

中国的造物文化具有丰富的思想内涵，从先秦诸子百家到明清文人"智士"，从《考工记》《天工开物》《髹饰录》《长物志》《工段营造录》等专著之浩瀚的文人笔记史料，到无数口头承传的工匠口诀、图说粉本，千般内容，无限思想。概括起来，大致体现在以下六个方面：

1.材美工巧 我国现存最早的一部工艺专著《考工记》中记载了先秦时期不少的工艺史料，有不少闪光的设计思想，其中"材美工巧"极具代表性。《考工记》指出："天有时，地有气，材有美，工有巧。"天时地气、材美工巧是成就一个优秀物品的四个主要因素，天时意指季节、气候的因素，地气意指地理物性的影响，材美强调材料的选择与利用，工巧指人的主观因素和技巧，四者有机结合，相得益彰，才能生产出合乎要求的物品。这里天、地、材都是自然因素，也是造物的基本条件；工，是人的劳作、创

造、技艺。这里我们只就字面之意来理解是不够的，它还深刻地反映着当时社会"天人合一"哲学思想的影响，在设计方面则体现为物顺自然、合乎天道的思想观念。以自然为尚，以人工为本，是其主旨（图14）。

2.以用为本 人类造物的目的是为了用，即物必

图14 明式家具

须具备一定的实用价值，设计的首要任务应当是对实用价值的设计。古代思想家墨子最早提出功利主义原则，极力强调物态生产的实用性，他的"非乐"主张，除了表现对社会现实不满外，主要与其从功利的立场上看待造物的存在价值有关。他认为："仁之事者，必务求兴天下之利，除天下之害，将以为法乎天下。利人乎，即为；不利人乎，即止。"所谓利人，即能给人带来实际效用，满足人的基本物质需要。此外，还有管子、韩非子、欧阳修和王安石等都肯定物的价值首先取决于用。如欧阳修云："于物用有宜，不计丑与妍。"

3.文质彬彬 在设计中，用与美的统一实际上就

是文与质的统一。先秦时期文与质有着特定的内容，"文"一般指文饰、文采、花纹装饰和文章等。文章之意为精美的工艺装饰，也引申指人的品貌。韩非子曾认为："礼为情貌者也，文为质饰者也。夫君子取情而去貌，好质而恶饰。夫恃（依赖）貌而论情者，其情恶也；须饰而论质者，其质衰也。何以论之？和氏之璧，不饰五彩；隋侯之珠，不饰银黄，其质至美，物不足以饰之。夫物之待饰而后行者，其质不美也。"韩非子把文解释为质的装饰，在他看来，质美是不需要修饰的，如果某一物品需要修饰才成其美，那物之质必定是有缺陷的。韩非子主张重质而轻饰，好质而恶饰。这与老庄推崇天然之美，主张自然素朴，反对雕削取巧的造物观有相通之处。这些观点与儒家的中庸思想相比，显得有些极端和欠缺。儒家倡导"文质彬彬"的美学主张，孔子说："质胜文则野，文胜质则史。""野"即粗野，缺少文采和装饰；"史"即华丽，趋于虚华、矫饰。孔子主张不偏不倚，扬弃"文胜质""质胜文"两种片面倾向，做到文质彬彬，文与质的完美统一。

4.顺物自然　在老庄的工艺造物思想中，崇尚自然，顺物自然，返璞归真是其核心内容。把自然朴素之美作为理想之美的典范，认为："朴素而天下莫能与之争美。"顺应自然，完全按照事物的自然本性任其发展和表现，不去施加人性的力量，使其改变原有的自然之性，保全其"真"美。为此，需反对一切人为的加工制作，雕削取巧。在自然美与工艺美的比照中，庄子不仅只选择了自然美，而且彻底否定任何意义上人的工艺创造行为。从审美价值方面看，庄子崇尚自然，主张无雕饰的朴素美，这种美学思想是极为深刻的。它切进了艺术把握世界的最神圣的理想之地。在工艺造物中，常由于技术的进步、生产力的发展和贵族阶层炫耀地位和财富的关系，形成工艺的雕饰镂削之风，追求一种奢华的富丽美，而丢失了自然的素朴自然，也就丢失了庄子所言的"真"美。

5.重己役物　人对造物的使用、占有的态度和思想意识，会对造物及其设计产生重要影响。孔子不言物，庄子则力求"不以身假物""不以物挫志""不以物害己"，支配物而不被物所役使。荀子强调人与物关系中的自主意识，他提出"重己役物"的思想，与"重己役物"思想相对的是"己为物役"。在人与物的关系处理上，庄子有一种消极避物的思想，而荀子则主张用积极的态度来处理物与人的关系和矛盾。确立人在物质世界中的主体地位，要物为人所用，为人所役使，进而消除物役。现代设计思想中"以人为本"之观念，在我国几千年前的思想家荀子那里就可以找到溯源。

6.物以载道　在中国几千年的封建人伦关系和社会意识中，人的等级划分极为严格，人的造物活动也无一例外地包括其中。如不同等级之人要执不同的玉器，以表示身份属性和概念之不同。这种观点在于让物的等级来对应人的等级，有见物如见其人之感。当然，从前的等级制度在今天已经发生了变化，但对"物以载道"观念之延伸，在今天仍具有它的现实意义。

第四节 //// 西方近现代设计思想

一、包豪斯

在谈到西方近现代设计思想时，首先要说到的就是包豪斯设计理论，因其是西方近代设计思想的发源地，对全世界的现代设计影响至今。

德国包豪斯学院由德国现代主义建筑与现代主义设计的奠基人格罗皮乌斯建立于1919年，被迫关闭于1933年。在由他亲自拟定的《包豪斯宣言》中，他提出了学校的两个目标：一是打破艺术种类的界限；二是将手工艺人的地位提高为艺术家的层面。正是在这种目标下，格罗皮乌斯建立起教学—研究—生产于一体的现代教育体系，利用手工艺的方法为基础，通过艺术训练，使学生对视觉的敏感性达到理性水平，即对材料、结构、肌理、色彩有一个科学的、技术的理解，而不仅仅是艺术家的个人见解。他理性的设计教育方式，是重视培养人的技术性的基础、逻辑性的工作方法及艺术性的创造相结合。

在设计理论方面，包豪斯提出了三个基本观点：1.艺术与技术相统一；2.设计的目的是人，而不是产品；3.设计必须遵循自然和客观的原则来进行。这些观点对设计的发展起到了积极的推动作用，使现代设计逐步由理想主义走向现实主义，用既科学又理性的思想来代替艺术上的自我表现和浪漫主义。包豪斯在设计上的革命推动了工业设计的发展，设计产品的目的是满足人们的需要，产品形态的发展也是无止境的，因此审美设计没有极致和终点。产品设计迫切要求人们正确认识产品的形式与审美的关系，用"美"的尺度，设计富有形式美感的现代"艺术品"。

包豪斯对设计教育最大的贡献是基础课，它最先是由伊顿创立的，是所有学生的必修课。伊顿提倡"从干中学"，即在理论研究的基础上，通过实际工作探讨形式、色彩、材料和质感，并把上述要素结合起来。包豪斯最有影响的设计出自纳吉负责的金属制品车间和布劳耶负责的家具车间。布劳耶创造了一系列影响极大的钢管椅，开辟了现代家具设计的新篇章。布劳耶的主要作品是家具设计，他特别受到荷兰"风格派"设计家里特维尔德的影响，其设计具有明显的立体主义雕塑特征，椅子大多为简单的几何外

图15 钢管椅

形，采用标准化构件，木质材料加上帆布坐垫和靠背。1925年，布劳耶设计出世界上第一件钢管家具，他从"阿德勒"牌自行车把手中受到启发，开创了钢管和皮革或纺织品结合的样式，设计充分利用了材料的特性，造型轻巧优雅且结构简洁。第一把椅子被称为"瓦西里椅"，以用来纪念老师瓦西里·康定斯基（图15）。接着他所设计的一系列家具投入工业化生产，这些设计几乎使钢管家具成为现代家具的代名词，效仿者趋之若鹜。尽管在谁先想到用钢管来制作家具这一点上尚有争议，但包豪斯首先实现了钢管家

具的设想并进行了工业化生产却是没有疑问的。这些钢管椅充分利用了材料的特性，造型轻巧优雅，结构也很简单，成了现代设计的典型代表。密斯·凡德罗虽然是现代主义建筑设计中的重要大师，但他所设计的"巴塞罗那椅"以及其他大量的家具同样成为现代主义设计的经典之作。

当包豪斯所倡导的功能主义影响到斯堪的纳维亚各国的设计时，各国的设计师对极端形式的功能主义并未照本宣科，而是结合自己的设计思想进行了发展与改造。对各种家具和家用产品的设计采用了比功能主义更为柔和并具有认同情调的设计方法，即所谓"软性"的功能主义。丹麦设计师瓦格纳多年潜心研究中国传统的家具，东方的启示对他个人的设计风格影响是显而易见的。他于1945年起设计的系列"中国椅"便汲取了中国明代椅的一些造型特征。他的设计极少有生硬的棱角，转角处一般都处理成曲线，给人亲近之感（图16）。

图16 中国椅

现在看来，包豪斯的影响不只限于它的实际成就，更多体现的是它的精神、概念与方法，它的设计思想在相当长的时期内被奉为现代主义的经典。但世界是多元的、辩证的，任何一种思想理论或多或少都存在着偏颇之处，包豪斯所倡导的"国际式"风格及主张与传统决裂转向几何构图的同时，各国、各民族的历史文脉也被忽视了，形成了千人一面的"国际式"，这对各国的传统文化造成了巨大的冲击。

二、后工业社会的艺术设计

后工业社会艺术设计其特征是走向了多元化，总体上看，以现代主义基本原则为基础的设计流派仍是艺术设计的主流，但它们对现代主义的某些部分进行了夸大、突出、补充和变化。

由于科学技术的进步，结构科学性、功能的舒适性已经不再成为设计的难题。设计进入计算机时代，产品外观的更新速度更快，品种更多，使标准化和定型产品又受到来自个性需求的挑战。形式与风格就重新出现在设计师面前，工业品被要求具备文化的品格，成为一种文化的象征，并且在人文环境中产生审美的感情效应。

后工业社会艺术设计的新领域与新变化主要表现在绿色设计、运用高科技手段的设计、人性化设计、未来设计上面。

1969年在德国科隆举行的国际家具大展上，出现了不少采用极限艺术造型的作品，如迪特米尔设计的发泡塑料材料的组合式系列家具等。潘顿则从新材料的角度丰富了设计语汇并对传统设计观念产生了极大的冲击。他与美国米勒公司合作进行整体成型玻璃纤维增强塑料椅的生产，其造型直接反映出生产工艺和结构特点，给人们带来了前所未有的视觉冲击。

后现代主义在设计界最有影响的组织是"孟菲斯"（Memphis）设计集团，它开创了一种无视一切模式和突破所有清规戒律的开放性设计思想。所设计的大部分是家具一类的产品，大多采用塑料与合成材料一类的廉价材料，喜欢用一些明快而亮丽的色彩，如索特萨斯的博古架（图17）。

图17 博古架

斯塔克的设计领域极广，他的设计基本上没有任何装饰，十分注重体现简单几何造型的优雅，被形容为"现代主义设计刻板表情里的一抹生动的笑意"。斯塔克的尖锐性在于他从"后现代"进入，又从其中蜕出。他的目的并不是要做一个综合一些文化符号的随波逐流者，而是要成为新符号新象征的创造者，他的"能见所不见"帮助他站立在潮流的前列，其代表性的作品为W.W.凳（图18）。

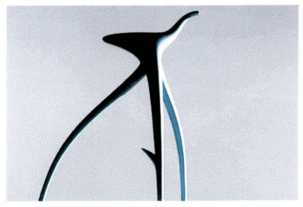

图18 W.W.凳

三、美国现代主义艺术设计

美国的艺术设计运动并无欧洲的学术与艺术氛围，也没有先进知识分子的理想主义成分，可以认为美国的设计运动从初始阶段就沾染上了使用主义的商业色彩。包豪斯1933年被法西斯关闭后大部分的教员和学生都移民美国，他们发现这片土地更适合设计和设计教育实验的发展。欧洲的观念和美国的市场结合，终于在第二次世界大战后形成了轰轰烈烈的国际主义设计运动，从而使得美国的产品与艺术设计比世界上任何一个国家发展得都要迅速和成熟。

如果说包豪斯给美国带来了现代设计新思想，那么沙里宁的克兰布鲁克（Cranbrook）艺术学院则是培养美国现代家具设计人才的摇篮。克兰布鲁克回避了现代主义的某些教条，鼓励多学科的自由交流，将北欧功能主义设计风格与现代主义风格有机地结合在一起，并在现代工业产品和家具设计教育方面有了重大突破。埃罗·沙里宁、伊姆斯夫妇等都曾经学习工作于克兰布鲁克学院。埃罗·沙里宁在1940年的"家具有机设计"比赛中和查尔斯·埃姆斯合作设计的椅子获得第一名，他因此开始受到评论界的关注。这把椅子和他之后设计的其他椅子一样，被诺尔家具公司投入规模生产。"马铃薯片椅子"（Potato Chair）（图19）、"子宫椅"（"Womb"Chair）（图20）、"郁金香椅子"（"Pedestal"Chair）都是20世纪50年代至60年代最杰出的家具作品。通过这些椅子的设计，埃罗·沙里宁把有机形式和现代功能结合起来，开创了有机现代主义的设计新途径。伊姆斯夫妇是美国现代家具设计大师，20世纪最有影响力的设计师，他们的成就是对于建筑设计、家具设计（EAMES椅）、工业设计和制造，以及创新艺术的突破性贡献，至今已有近百件的作品被各大博物馆永久典藏。

图19 马铃薯片椅子

图20 子宫椅

　　美国是个没有传统文化束缚的国家，设计虽然起步晚但是发展速度很快。美国的设计一方面是对欧洲设计艺术思想的继承和发展，另一方面是本土成长起来的。美国的设计具有商业性，这与美国发达的商业环境密切相关，也使其设计具有浓厚的实用主义色彩。现代设计艺术虽在欧洲起源，但其发展、成熟、国际化却是在美国实现的，这与美国的文化和在世界上的经济地位是分不开的。

四、德国的现代设计

　　德国现代家具一贯以款式简洁、功能实用和制作精良为特色，比较强调家具材料本身的质感和色彩，所以素有"理性家具"之称。德国现代设计上一个重要的里程碑，是发展了以系统思维为基础的系统设计。系统设计是以高度秩序化的设计来整顿混乱的人造环境，使杂乱无章的环境变得具有关联性和系统化，并通过系统的设计使得标准化的生产与多样化的选择结合起来。它首先是创造一个基本的单位模块，形成简便的有可组合性的基本形态，然后在这个单位基础之上反复发展延伸并形成完整的系统。这种设计方法加强了设计中的几何化成分，特别是直角化的趋势。

　　1968年，卡尔·赫斯塔在德国家具市场发起了推广现代系统家具的"allwand"改革，经过长达10年的不懈努力，赫斯塔公司的系统装配住宅家具终于成为欧洲住宅家具的第一品牌，经过精心设计的标准单元可以进行相关联的多元化系统装配，而且可以适应于不同的室内空间，迎合大众化与个性化的需求，这种开放式家具组合系统实现了德国设计师多年来的设计梦想，例如1971年设计的"漂亮的年轻人"。20世纪90年代，赫斯塔公司又进入了产品发展的一个新里程，1994年，赫斯塔公司研究设计了新的组合家具系统（the first cash & carry range）投入市场，这种高质量的家具标准单元实现了无穷尽多元变化的可能性，用简易工具快速装配的自由系统家具在欧洲和全球市场引起了强大的震动。

　　20世纪60年代初由德国设计制造出来的世界上第一批32mm系列家具，"32mm系统"自从在德国诞生后，很快就成为世界现代板式家具的通用体系，现代板式家具结构设计被要求按"32mm系统"规范执行。32mm系列自装配家具，其最大的特点：产品就是板件，可以通过购买不同的板件而自行组装成不同款式的家具，用户不仅仅是消费者，同时也参与了再设计。因此，板件的标准化、系列化、互换性成为板式家具结构设计的重点。

第二章　家具设计流程

本章重点 》
第二、三节本章学习重点，要掌握设计前期的资料收集和初步构思的具体内容。

学习目标 》
能够正确运用所学知识，将知识点进行系统地构建，并能够熟练地运用到设计实践中去。

建议学时 》
56学时

第二章　家具设计流程

家具设计流程是指从最初的家具设计构思到最后形成家具设计成果的整体创作过程。家具设计流程包括：命题、资料搜集、初步构思、可行性探讨、设计草图表现、设计预想图、家具模型制作等。

下文将主要以儿童床和座椅的设计为案例展开分析，探讨家具的设计流程。

第一节 ///// 命题

一、如何给家具命题

命题即确立家具主题。主题就是为家具设计定方向。方向来源于市场需求，准确地了解和分析市场需求是设计方向定位的基础。所以命题之前要有针对性地对复杂的市场需求进行科学的细分和评估，这里包括以下三个方面：

A.掌握市场细分的变量——1.地理细分的变量（如按地区划分，按人口密度划分和按气候划分等）；2.消费人群特征细分变量（如按年龄划分、按收入划分、按家庭划分、按接受教育程度划分、按宗教信仰划分和民族划分等）；3.心理及行为细分变量（如按个性划分，按生活方式划分等）。

B.对细分市场进行评估——1.使用家具方式的特点（如不同消费人群的生活方式和习惯等）；2.家具的风格定位（如不同消费人群的审美取向等）。

C.明确家具开发方式——1.对原家具进行改进（如改善原有家具的使用功能，改进家具的形态、结构和效果处理等）；2.研发全新家具（经过一系列的理论研究和应用研究试制市场上没有的全新家具）。以上是家具命题的基础和基本条件。

二、制定家具设计整体进程表

家具设计进程表是指设计者在进行设计前，根据家具的预订完成时间结合未来各个阶段工作的难易程度规划设计阶段性时间表格。家具设计的进程表应该是阶段性和连续性的结合，每个阶段都有自己的完成目标和任务，但总体观之，整个过程又是连续不断、有条不紊的，直到设计任务的最终完成。

制定一个完美的时间进程表需要对主观因素与客观因素进行综合的分析。设计主体完成每个阶段任务的难易程度具有差别性，这就决定了不同的设计者会有不同的家具设计时间进程表。总之，在固定的时间范围内，制定出最符合自己的进程表才是最好的。许多人会忽视时间进程表的作用，古人说得好："凡事预则立，不预则废。"在设计的过程中，若没有一个完整详尽的时间进程表，设计者很容易出现对时间的把握失误。或者在规定的时间内没有完成任务，小到耽误课程，大到耽误一个公司的生产进程；有时虽提前完成了任务，但没有更深入地对家具进行设计。

图21是一位学生在儿童家具设计课程中制定的时间进程表。整个课程从12月4日到1月12日，该学生根据各个阶段需要完成的任务制定了这个完整的时间表格。

家具设计时间表

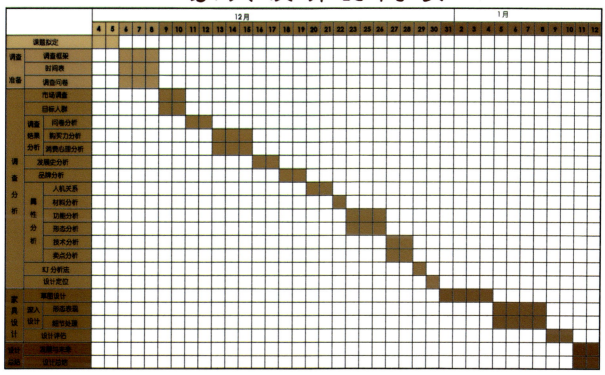

图21 儿童家具设计的时间进程表

第二节 ///// 资料收集

完成家具命题后，要为已定位的设计方向收集相关的资料。

获得信息、理解信息的方式

家具设计是一种依存于各种信息来展开设计、生产和销售的一系列经营活动。能否及时掌握信息、能否有效利用信息，在资讯传媒高度发达、市场竞争异常激烈的今天，会直接关系到该家具的生死存亡。

（一）市场资讯

所谓市场资讯指某一类家具所选定的目标市场在某一阶段的消费特征。此类信息除了可以参阅专业机构或媒体对市场资讯的报道外，主要可以通过市场调查的方式获取。市场调查是为了了解同类家具的市场现状、潜在消费空间情况的信息收集工作。

一般而言，为家具设计而做的市场调查可以在命题范围内的消费人群和市场环境中开展。

1.收集相关消费人群的自然材料、生活环境信息。

包括：（1）消费人群所在的地理位置；（2）职业情况；（3）年龄范围；（4）文化程度；（5）经济收入情况；（6）生活方式特征等（图22）。

2.收集相关家具的市场信息

将要设计的家具市场信息包括：

（1）在商场考察相关消费者的消费特征，了解消费者对什么种类家具感兴趣；

（2）哪些品牌家具的哪些元素（设计、材料、风格、结构方式、工艺手法等）受到消费者的欢迎；

（3）哪些是目前市场的主打家具，哪些是现在的热销家具；哪些是尚有发展空间的市场待开发家具；

（4）了解市场未来的流行趋势，把握时尚走向，使家具研发定位准确（图23~图26）。

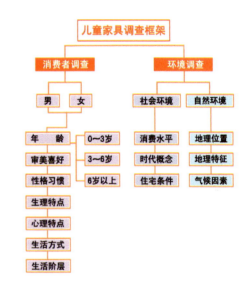

图22 儿童家具相关消费人群、周边环境的调查框架

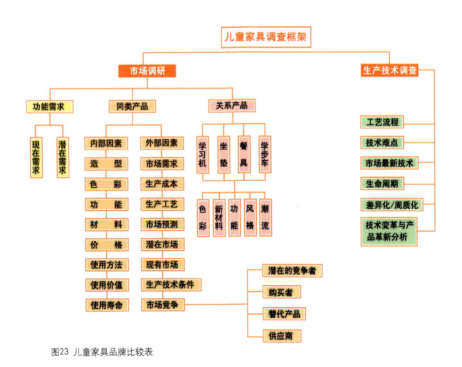

图23 儿童家具品牌比较表

图24 儿童家具材质分析

儿童家具品牌调查与比较

材质种类

木质

塑料

其他

● 儿童家具的材质属性是其另一个重要的属性，上图是市场上能够看到的、能够代表其特性的部分商品，从这个坐标分析图上，我们可以发现木质、塑料材质的儿童家具居多；毛绒与木质相结合的儿童家具也在迅猛发展。这个发展过程是社会科技发展的一个侧面写照，也是人们价值观念的进步过程。

● 毛绒与木质、柔软质感相结合的儿童家具虽然刚刚兴起但凭借其独特触感和强烈的视觉效果却受到大众广泛喜爱。

图25 儿童家具形态分析

数量

● 塑料因为其坚固耐用，易清洗，色彩丰富，占据了绝大部分的市场份额。

● 我们同样可从表中了解到，现在市场上主流儿童类家具大多由塑料、木质制造，质地大多坚硬。而毛绒布艺类、填充类作为新生力量，还没有成为主流。但其鲜艳色彩，柔软舒适的触感是木质和塑料家具不可比拟的，其发展的前景将非常广阔。

图26 儿童家具的基本分类

（二）市场调研的方法

市场调研是设计师有效利用信息情报展开设计创意的基础，对生产企业在市场的生存发展关系重大，通过市场调研可以了解目前的市场环境如何，或自己与竞争对手们在市场中的境况如何，下一步该如何去做等。市场调查是家具日后能与市场相融合的必不可少的一环，只有抱着从零开始的态度，认真地分析市场上成功与失败的案例，才能取长补短，做出既有新的创意又迎合市场的设计来。

1.市场潜力分析

选择某一产品进入市场，不但要看到尚未满足的需求的存在，还要看到这种存在是否具备一定的发展潜力。测定这种潜力，可以从细分市场的年销售额入手，分析它的需求状况和趋势。

2.市场购买力分析

市场购买力决定着企业能否依赖生产家具的投入获得销售利润，这是企业选择目标市场的首要条件之一。如果购买力不足或很低，市场即使存在需求上的空白却形成不了现实的市场。因为企业不能从中盈利，就不可能按这种方式去经营。这一点可以通过向广大消费者发放调查问卷，继而做出详尽的统计与分析（图27～图32）。

图27 调查问卷

儿童家具的发展和分类

- 从其发展进程方面可分为：儿童床、桌椅、凳子、餐边椅、衣柜，以及相关配套家具
- 从其材料方面可分为：木质、塑料、毛绒木质类、布艺类、橡胶
- 从结构方面可分为：可拆分、不可拆分、组合
- 从适用范围方面可分为：室内、室外

儿童家具市场调查问卷

1. 您的宝宝的年龄：
   □ 0-1岁　□ 1-3岁　□ 3-6岁　□ 6岁以上
2. 宝宝的性别是：
   □ 男　　□ 女
3. 宝宝在哪个年龄阶段您为他（她）购买的家具最多：
   □ 0-1岁　□ 1-3岁　□ 3-6岁　□ 6岁以上
4. 您会选择什么材质的家具：
   □ 毛绒针织类　□ 金属类　□ 塑料类　□ 木质类
   □ 其他
5. 您会选择家具的颜色类型是：
   □ 鲜艳的彩色　□ 淡色　□ 单色　□ 灰色　□ 黑白
6. 您会接受什么价位的家具：
   □ 20-50元　□ 50-100元　□ 100-300元　□ 300以上
7. 您在选择家具是会更注重哪些因素：
   □ 功能　□ 安全性　□ 外观　□ 质量　□ 价格
8. 你会更重品牌还是价格：
   □ 品牌　□ 价格
9. 您对玩具的其他意见与建议：

真心感谢您抽出宝贵时间接受我们的调查。

Quality And Safety 质量安全

在这个不断发展的时代，
当今的消费者希望购买令人放心的商品
他们的消费期望越来越和产品的安全、质量以及环境等
方面的要求联系在一起由于儿童自我保护能力较前、易受伤害
所以安全性是家长们选择家具时更考虑因素
其次一个因素
通过分析后得出的结论为：
因而在家具的安全性设计中要注意以下几个方面：首先，儿童家具的材料要无毒性。
其次是外型结构要圆滑无尖锐形态；第三结构要合理、牢固。

Functionality 功能性

家长希望儿童家具拥有的功能：
1、实用性
2、舒适性
3、趣味性

Shape and Frame 形态结构（孩子喜欢）

许多仿生家具、模型家具都得到儿童和家长们的青睐
儿童家具的形态一定要符合儿童的心理和中国传统的
审美情趣、美观大方的造型、独特新颖的结构，
有利于儿童高尚审美情趣的培养。
进过分析后得出的结论为
中国有着丰厚的文化底蕴，在家具的设计上，历史上民间
都有许多构思奇巧、形态多样、充满东方智慧的家具，
只要对它们稍加改造，注入时代概念，重新组合、设计、
包装，它们必将重放异彩

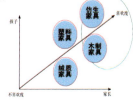

Price 价格性

随着中国经济发展，人们的生活水平也逐渐提高，
对于孩子家具的消费也有很大提高，但是多数家长对家具选择上，在500-1500￥之间，超过2000￥的消费者还是占少数。

图28 调查问卷分析

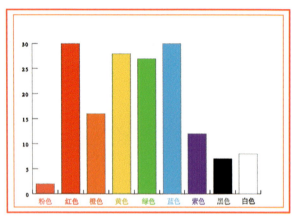
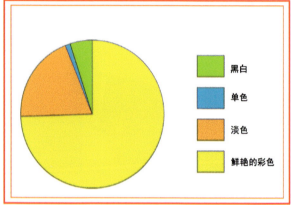

图29 孩子喜欢的颜色调查分析表和家长喜欢的颜色调查分析表

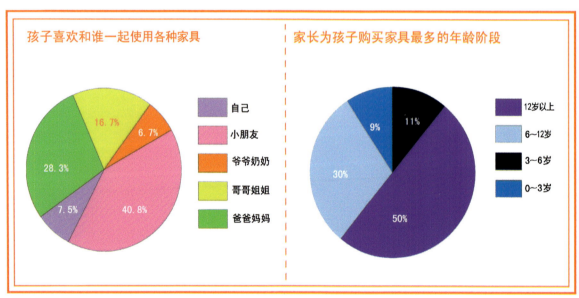

图30 调查分析表

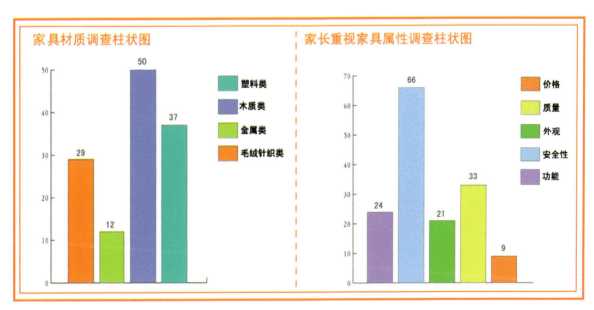

图31　调查分析表

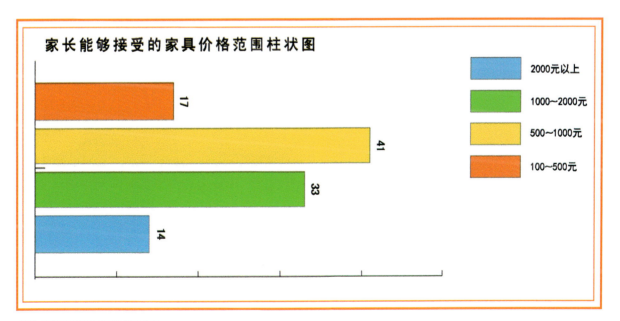

图32　家长能够接受的家具价格范围

（三）国内外技术情报分析

在家具的性能和使用性方面赶超国内外先进水平或在家具品种方面填补国内"空白"。要广泛收集国内外相关的家具技术资料，了解新型的技术和当前消费者热衷的技术，以国外之先进技术填补国内相关的技术空白，满足消费者对新技术的需求（图33）。

（四）市场竞争与趋势分析

一个好的目标市场不仅存在未被满足的需求、存在较强的购买力和市场规模，在市场竞争方面还应具备竞争对手少、被控制面小、本企业具有更强的竞争优势等条件（图34）。

图33 婴儿床新技术新工艺调查

新技术新材料新工艺调查

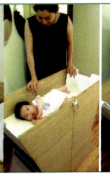
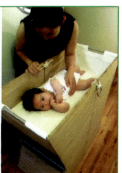

婴儿床的发展趋势

1功能方向

从新出现的具有时尚设计感的婴儿床来看，逐渐趋向于婴儿床超过适用范围外的第二使用性能，趋向于一直在倡导的环保，减少浪费，进行第二次利用，第三次利用等。

从平常的使用功能来看，不断使婴儿床的功能得到完善，以下功能不断叠加：摇晃、拆卸栅栏、储物、移动等等，使得在使用中更加的人性化、舒适方便。

2色彩方向

市面上最为普遍的色彩倾向会持续保持它的市场构成。按材料颜色主要分为两种形式：
1.保持原有木色。原有木色分为深棕色方向、浅棕色方向。
2.环保漆，分为颜色鲜亮大胆，或是浅色构成。

作为极为环保的标志，原木色的市场占有量，长时间内不会有过多的变化。成为大众普遍的选择。生产厂家也可减少油漆的需求量。

3结构方向

结构方向还是会以简洁正规的长方体栏杆方式继续领航婴儿床大部分市场。具有设计感的床，还没有被大部分消费者了解接受，但是向前展望，今后的准妈妈一定程度上已经具有强留的时尚嗅觉度，大胆的设计更会吸引她们的视线。

图34 经过调查分析得到的儿童床的发展趋势

（五）本企业开拓市场能力分析

目标市场的选择还必须与本企业的人力、财力和经营能力等企业综合实力相适应。只有当企业的综合实力与目标市场的要求相适应时，企业才具备开拓市场的能力，该市场才可能成为企业的现实市场。

（六）市场预测

市场预测是在市场调研基础上，根据已掌握的信息和供需动态发展的一般规律，运用经验知识与科学推理推断和预测市场今后发展趋势的一项工作。它不仅要做出定性的论断，更要做出定量的估计和评价。作为一项专门的理论和技术，它是家具品研发的重要依据，也是市场经济发展的必然产物。市场预测可分为单项家具预测、同类家具预测、家具总量预测和根据消费对象的家具预测；也可分为短期、近期、中期、长期预测等。市场预测的方法多种多样，一般来说，将几种方法并用，结果的可行性会提高。常用的市场预测方法大体有三类：直观法、时间推演法、因果分析法。

1.直观法

直观法也称判断分析预测法，可根据各销售部门经理的意见、各地区（代理）销售人员和专家组的意见来直观地判断下季家具的销售量。

2.时间推演法

时间推演法也称时间序列分析法，即将经济增长、购买力提高、销售变化等同一组变数观察值，按时间顺序构成统计的时间序列，然后向外延伸推断，预计出市场未来的发展变化趋势。

3.因果分析法

因果分析法也称相关分析法，是利用经济发展过程中经济因素的内在联系，运用因果相关分析的理论，判断相关性质和强度，从而预测家具的市场需求量和发展趋势。这种方法一般多用于中长期预测。

第三节 ///// 初步构思

一、如何进行家具设计初步构思

初步构思阶段的核心任务是创意，设计公司将前一阶段调查所得的信息资料进行分析汇总，提出具有创新性的解决方案。提出一个对于未来家具的设计概念、创意和设想，进行工作者环境、效率以及使用界面方面的调查，从而进一步完善改进创意。设计者应从以下几个方面进行家具设计构想：

1. 家具使用功能的定位——家具的使用类别，使用方式，使用的合理性、可行性、稳定性及安全性；

2. 家具应用材料的定位——材料的选用是否能满足其使用功能的要求，是否符合市场定位，是否符合企业资金投入计划要求，是否能满足消费人群的审美需要，是用一种材料还是多种材料组合等；

3. 家具结构及工艺的定位——根据所选用的材料及使用功能的要求，设计出相应结构和可实现的工艺，结构要合理、安全耐用，工艺要符合当今的技术要求，要有合理的价值定位；

4. 家具色彩的定位——运用相关的形式法则，结合市场需要和审美的消费心理确立能够吸引消费者或者使用者眼球的色彩方案；

5. 家具形态的定位——通过市场调研分析，抓住消费者青睐的家具形态，并重点结合人机工程学的相关知识设计出安全、健康，使用舒适，造型优良的家具（图35、图36）。

年龄组	男		女	
	体重（千克）	身高（厘米）	体重（千克）	身高（厘米）
2.0岁	12.24	87.90	11.60	86.60
2.5岁	13.13	91.70	12.55	90.30
3.0岁	13.95	95.10	13.44	94.20
3.5岁	14.75	98.50	14.26	97.30
4.0岁	15.61	102.10	15.21	101.20
4.5岁	16.49	105.30	16.12	104.50
5.0岁	17.39	108.60	16.79	107.60
5.5岁	18.30	111.60	17.72	110.80
6.0～7.0岁	19.81	116.20	19.08	115.10

表1 儿童标准身高体重对照表

尺寸名称	幼1号	幼2号	幼3号	幼4号	幼5号	幼6号
座面高(h_4)	290	270	250	230	210	190
座面有效深(h_4)	290	260	260	240	220	220
座面宽(b_3)	270	270	250	250	230	230
靠背上缘距座面高(h_6)	240	230	220	210	200	190
靠背下缘距座面高(h_5)	130	120	120	110	100	90

表2 儿童椅的主要尺寸

尺寸名称	幼1号	幼2号	幼3号	幼4号	幼5号	幼6号
桌面高(h_1)	520	490	460	430	400	370
桌下净空高(h_2)	≥450	≥420	≥390	≥360	≥330	≥300

表3 儿童桌的主要尺寸

图35 儿童人机工程学相关分析表格

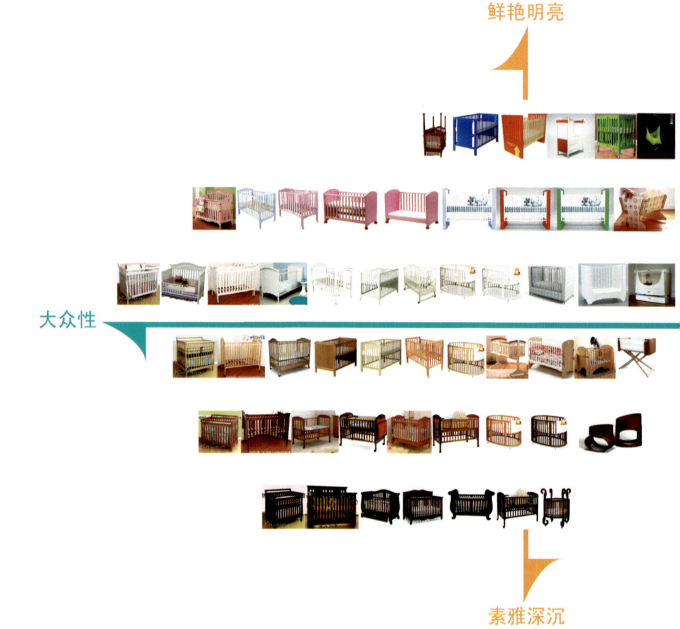

鲜艳明亮

大众性

素雅深沉

图36 儿童床的初步构思与设计定位

设计重点

设计性

产品定位：
市场上关于这一部分还有一定的空缺，缺少设计性的产品，通过对各种产品的调查分析，总结出此部分产品的特征来作为基础。

二、头脑风暴 (Brain Storm)

（一）什么是头脑风暴法

头脑风暴法又称智力激励法，是现代创造学奠基人美国奥斯本提出的，是一种创造能力的集体训练法。在设计公司，这种方法在方案初期探讨阶段经常被应用。

头脑风暴会议使用没有拘束的规则，人们能够自由地思考，进入思想的新区域，从而产生很多的新观点和问题解决方法。当参加者有了新观点和想法时，他们就大声说出来，然后在他人提出的观点之上建立新观点。所有的观点被记录下但不进行批评。只有头脑风暴会议结束的时候，才对这些观点和想法进行评估。头脑风暴的特点是让与会者敞开思想，使各种设想在相互碰撞中激起脑海的创造性风暴，其可分为直接头脑风暴法和质疑头脑风暴法，前者是在专家群体决策基础上尽可能激发创造性，产生尽可能多的设想方法，后者则是对前者提出的设想、方案逐一质疑，发现其现实可行性的方法，这是一种集体开发创造性思维的方法。

（二）头脑风暴的环节

头脑风暴法力图通过一定的讨论程序与规则来保证创造性讨论的有效性，因此，讨论程序是头脑风暴法能否有效实施的关键因素，头脑风暴主要包括以下几个环节：

1.确立议题

一个好的头脑风暴法从对问题的准确阐明开始。因此，必须在会前确定一个目标，使与会者明确通过这次会议需要解决什么问题，同时不要限制可能的解决方案的范围。一般而言，比较具体的议题能使与会者较快产生设想，主持人也较容易掌握；比较抽象和宏观的议题引发设想的时间较长，但设想的创造性也可能较强。

2.会前准备

为了使头脑风暴畅谈会的效率较高，效果较好，可在会前做一些准备工作。如收集一些资料预先给大家参考，以便与会者了解与议题有关的背景材料和外界动态。就参与者而言，在开会之前，对于要解决的问题一定要有所了解。会场可作适当布置，座位排成圆环形的环境往往比教室式的环境更为有利。此外，在头脑风暴会正式开始前还可以出一些创造力测验题供大家思考，以便活跃气氛，促进思维。

3.确定人选

一般以8～12人为宜，也可略有增减（5～15人）。与会者人数太少不利于交流信息，激发思维；而人数太多则不容易掌握，并且每个人发言的机会相对减少，也会影响会场气氛。只有在特殊情况下，与会者的人数可不受上述限制。

4.明确分工

要推定一名主持人，1～2名记录员（秘书）。主持人的作用是在头脑风暴畅谈会开始时重申讨论的议题和纪律，在会议进程中启发引导，掌握进程。如通报会议进展情况，归纳某些发言的核心内容，提出自己的设想，活跃会场气氛，或者让大家静下来认真思索片刻再组织下一个发言高潮等。记录员应将与会者的所有设想都及时编号，简要记录，最好写在黑板等醒目处，让与会者能够看清。记录员也应随时提出自己的设想，切忌持旁观态度。

5.规定纪律

根据头脑风暴法的原则，可规定几条纪律，要求与会者遵守。如要集中注意力积极投入，不消极旁观；不要私下议论，以免影响他人的思考；发言要针对目标，开门见山，也不必做过多的解释；与会者之间相互尊重，平等相待，切忌相互褒贬等。

6.掌握时间

会议时间由主持人掌握，不宜在会前定死。一般来说，以几十分钟为宜。时间太短与会者难以畅所欲言，太长则容易产生疲劳感，影响会议效果。经验表明，创造性较强的设想一般要在会议开始10～15分钟后逐渐产生。美国创造学家帕内斯指出，会议时间最好安排在30～45分钟之间。倘若需要更长时间，就应把议题分解成几个小问题分别进行专题讨论。

（三）头脑风暴的成功要点

一次成功的头脑风暴除了在程序上的要求之外，更为关键的是探讨方式、心态上的转变，概言之，即充分、非评价性的、无偏见的交流。具体而言，则可归纳为以下几点：

1.自由畅谈

参加者不应受任何条条框框限制，放松思想，让思维自由驰骋。

2.延迟评判

头脑风暴，必须坚持当场不对任何设想作出评价的原则。既不能肯定某个设想，又不能否定某个设想，也不能对某个设想发表评论性的意见。一切评价和判断都要延迟到会议结束以后才能进行。这样做一方面是为了防止评判约束与会者的积极思维，破坏自由畅谈的有利气氛；另一方面是为了集中精力先开发设想，避免把应该在后阶段做的工作提前进行，影响创造性设想的大量产生。

3.禁止批评

绝对禁止批评是头脑风暴法应该遵循的一个重要原则。参加头脑风暴会议的每个人都不得对别人的设想提出批评意见，因为批评对创造性思维无疑会产生抑制作用。同时，发言人的自我批评也在禁止之列。有些人习惯于用一些自谦之词，这些自我批评性质的说法同样会破坏会场气氛，影响自由畅想。

4.追求数量

头脑风暴会议的目标是获得尽可能多的设想，追求数量是它的首要任务。参加会议的每个人都要抓紧时间多思考，多提设想。至于设想的质量问题，自可留到会后的设想处理阶段去解决。在某种意义上，设想的质量和数量密切相关，产生的设想越多，其中的创造性设想就可能越多。

（四）头脑风暴设想处理

通过组织头脑风暴畅谈会，往往能获得大量与议题有关的设想，至此任务只完成了一半。更重要的是对已获得的设想进行整理、分析，以便选出有价值的创造性设想来加以开发实施。

头脑风暴法的设想处理通常安排在头脑风暴畅谈会的次日进行。在此以前，主持人或记录员（秘书）应设法收集与会者在会后产生的新设想，以便一并进行评价处理。

设想处理的方式有两种。一种是专家评审，可聘请有关专家及畅谈会与会者代表若干人（5人左右为宜）承担这项工作；另一种是二次会议评审，即由头脑风暴畅谈会的参加者共同举行第二次会议，集体进行设想的评价处理工作。

避免误区，头脑风暴是一种技能，一种艺术，头脑风暴的技能需要不断提高。如果想使头脑风暴保持高的绩效，必须每个月进行不止一次的头脑风暴。有活力的头脑风暴会议倾向于遵循一系列陡峭的"智能"曲线，开始动量缓慢地积聚，然后非常快，接着又开始进入平缓的时期。头脑风暴主持人应该懂得通过小心地提及并培育一个正在出现的话题，让创意在陡峭的"智能"曲线阶段自由形成。头脑风暴提供了一种有效地就特定主题集中注意力与思想进行创造性沟通的方式，无论是对于产品设计、学术主题探讨或日常事务的解决，都不失为一种可资借鉴的途径。唯需谨记的是使用者切不可拘泥于特定的形式，因为头脑风暴法是一种生动灵活的技法，应用这一技法的时候，完全可以并且应该根据与会者情况以及时间、地点、条件和主题的变化而有所变化，有所创新。

第四节 ///// 设计草图表现

设计草图是将设计的初步构想用手绘的方式表现在纸面上或者借助手绘板在电脑上直接勾画，是将头脑中的设计构思视觉化的最简易方法，设计者可以通过草图的形式快速表达自己的设计想法并同时记录下自己的构思。设计草图要求对设计意图有准确的表达，包括对产品的使用功能有比较详尽的图示和说明；对家具结构、形态、材料和色彩要有准确的形象表达。它要记录设计思维轨迹的全过程，从创意的来源、产生、发展到基本完成，每一个步骤都要细致、准确、形象地记录下来。

设计草图的表达工具多种多样，主要有针管笔、马克笔、彩铅笔等（图37）。

图37 针管笔、彩铅笔、马克笔、电脑手绘板

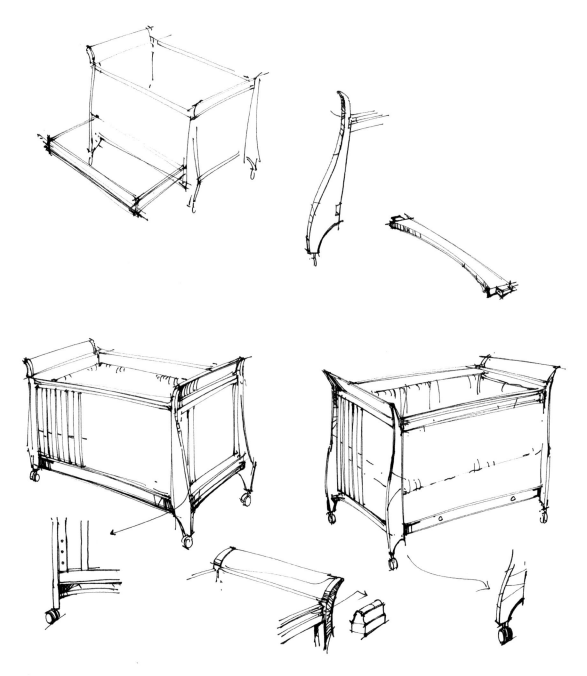

图38 婴儿床设计草图

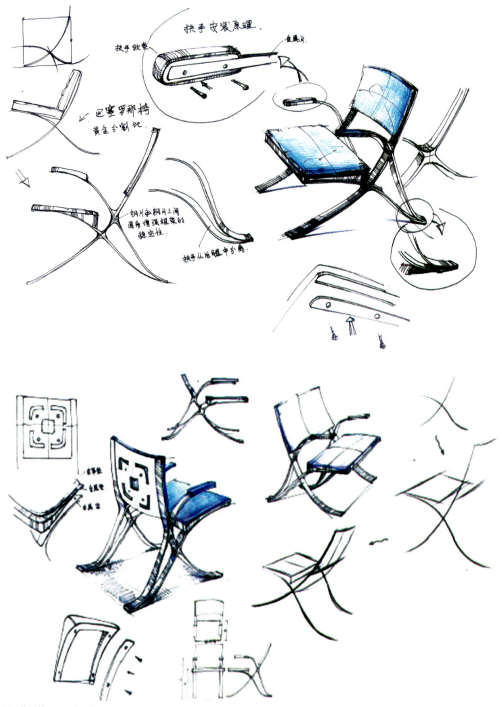

扶手安装原理.

扶手软垫

金属片

巴塞罗那椅
黄金分割比

钢片和钢片之间
圆角增强框架的
稳定性.

扶手从后腿中分离.

图39　休闲椅A设计草图表现（针管笔、马克笔）

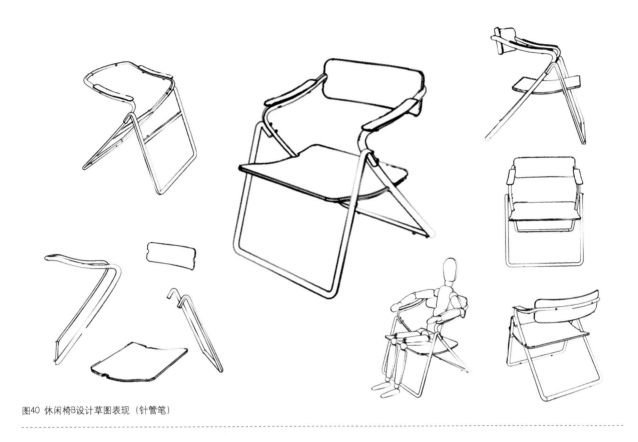

图40 休闲椅B设计草图表现（针管笔）

第五节 ///// 计算机预想图

　　根据设计草图的多次反复推敲，确定家具的使用功能、材料、结构和外观形态。因为手绘草图在分析家具的三维关系方面不够智能和灵活，所以设计师需要借助计算机模型制作和渲染软件来观看分析家具的效果，或者可让生产方在模型和样机制作前看到家具的直观三维仿真图。

　　目前，应用于家具设计的软件多种多样，三维的主要有3DS MAX、Rhinoceros、SOLIDWORK等，二维工程图大多用AutoCAD,后期图片处理与报告书的制作使用Photoshop。设计者可根据设计最终需要表达程度选择相应的软件，举例来说，若是只需要对家具的外部形态进行多方面的演示与表达，3DS MAX就足够；若要对家具的组装关系和穿插结构做详细的分析，就要用SOLIDWORK进行零件分体建模，像真实的产品拆解一样，分别做出各部分的零件，然后再按照装配关系进行零件组装；若想拥有一个完美的家具形态曲面，那么就要用Rhinoceros（犀牛）了。

　　设计者用电脑完成模拟仿真的三维效果图，再经过细致反复的推敲，最后确认家具的细部结构和形态比例，画出准确的尺寸图，为下一步样机模型制作做准备（图41~图45）。

婴儿床：顶视图

婴儿床：侧面图

婴儿床：侧面图

婴儿床：完成图

图41 婴儿床三维效果图

图42 休闲椅A设计电脑预想图

图43 休闲椅B设计电脑预想图

俯视图

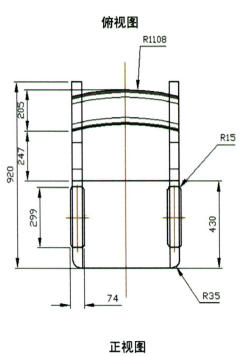

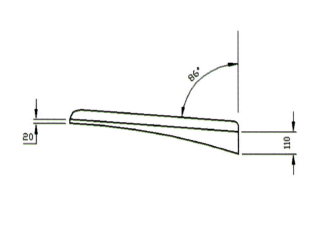

正视图

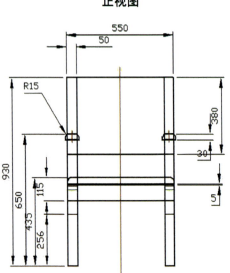

侧视图

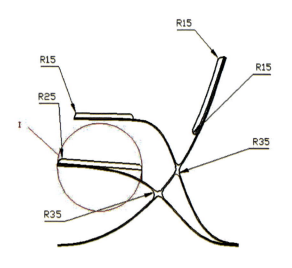

图44 休闲椅A设计尺寸图

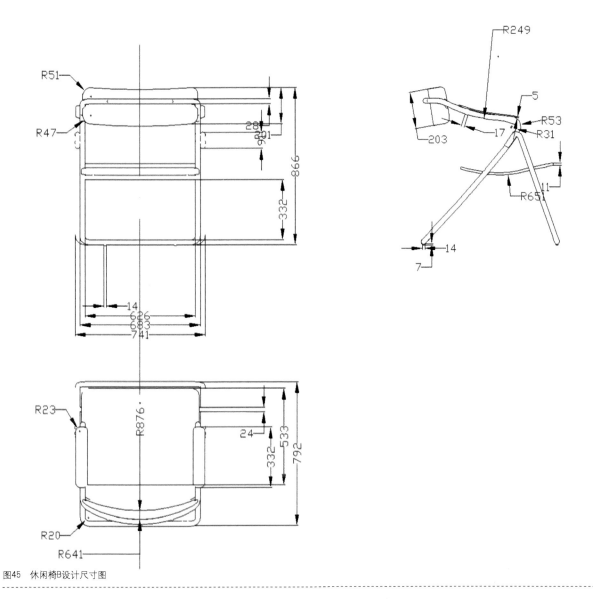

图45 休闲椅B设计尺寸图

第六节 ///// 家具实物模型制作

　　根据不同家具的具体要求，制订出合适的模型比例，用真实的材料或模拟的代用材料做成家具模型。这个环节的目的在于为设计方案进一步完善提供依据。实物模型可以真实地反映出其设计功能的合理

性、结构的合理性、使用材料和工艺的可行性、形态尺度比例的完整与协调性等，为完成下一步实际家具生产提供准确的依据（图46、图47）。

图46　家具实物模型制作过程

图47 家具实物模型制作过程

第七节 ///// 产品设计报告书

一、产品设计报告书的概念

产品设计报告书是在完成一项设计后，经过整理、分析、归纳，对整个设计过程作出的总结性书面报告文本。报告书是调查与分析、理论与实践、客观与主观相结合的实用性文体。

二、产品设计报告书的作用

报告书在设计活动中上演"编筐锁扣"的重要作用。报告书的作用可概括为两点——主观作用与客观作用。

（一）主观作用

报告书具有针对性、真实性、论理性和时效性。设计最终完成后，设计者应该认真完成产品设计报告书。用报告书的形式对之前的方案确立、市场调查与分析、草图方案、模型的制作等作出总结性的书面陈设。这样既可以记录自己的设计整体过程与成果，又可以一目了然地观察分析整个设计项目，为下次更好的设计而备战。

（二）客观作用

产品设计报告书的另一个作用顾名思义，就是向客户方进行设计报告。在设计公司，设计主方可以最终用设计报告书的形式向产品客户进行报告展示。报告书明了地展示了市场调查与分析结果，把一件产品整体形象的由来到最终的完成效果完整地展示在客户的面前，具有坚定的客观说服力。

三、产品报告书的制作要求

产品设计报告书的内容应囊括之前所有的准备工作与设计成果。包括命题确立、时间进程表、设计资料搜集与分析、初步构思、设计草图、计算机预想图、模型制作过程与成果等。

报告书切忌长篇大论，没有主次。整个报告书应该是设计过程的浓缩精华，让人一目了然的书面形式。尤其是前期的市场调查与分析要一针见血地陈述设计的理由，搜集的设计资料要去粗取精地进行分析说明。家具设计报告书的版面一般分为A4与A3两种，为更好展示产品形态，要求印刷彩色版面为佳，文字配合图片结合说明设计的整体过程。

四、总结

家具设计流程贯穿于每一次设计的始末，是家具设计的骨架。有骨架的存在，才有所谓形象的存在，换言之，有设计程序与方法的存在，整个设计才会丰满起来。

对设计流程有一个透彻的学习和知晓是设计师进行设计的前提。设计是个严谨的过程，不应该离开一定的流程凭感觉草率的进行。在接到一个项目或者开始一个课题时，一套适合的设计程序与方法就应该存在于设计师的头脑中，直到设计的最终完成。

在企业，制定一套规范合理的设计流程是企业能否盈利，能否长远立足市场的关键。设计固然重要，但若没有前期认真的规划与市场调研，设计只会是徒劳的。只有前期按照制定的时间计划表做足够的设计准备工作，接下来的设计才能达到事半功倍的效果。在学校期间，学生应该注重设计流程的学习与实际应用，在设计过程中按设计流程严格要求自己，设计出符合企业和市场需求的优秀家具。

设计师无论做什么样的设计，无论为谁做设计，都要用规范的设计流程严格地约束自己，养成良好的设计习惯，用方法来指挥头脑，有条不紊的进行发挥创作。

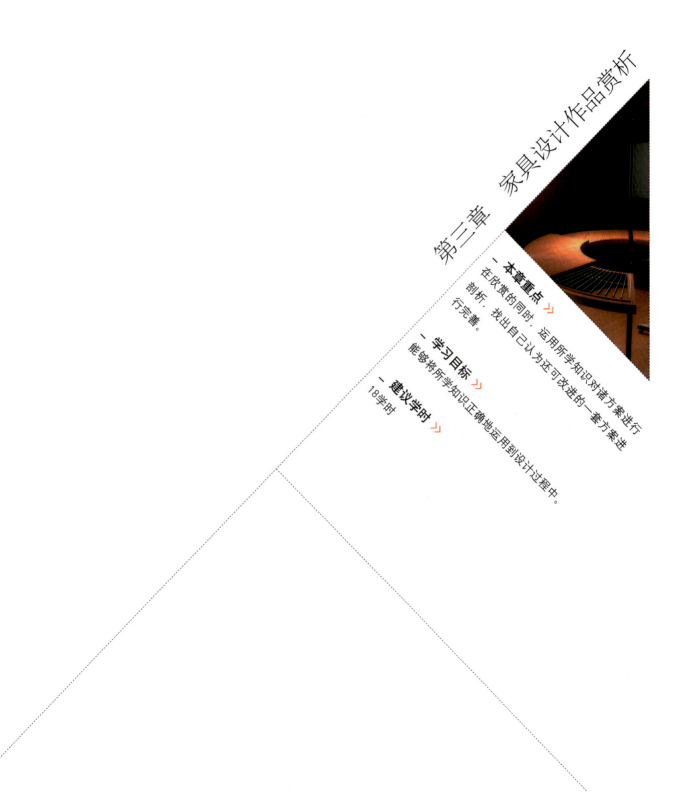

第三章 家具设计作品赏析

本章重点 》

在欣赏的同时，运用所学知识对诸方案进行剖析，找出自己认为还可改进的一套方案进行完善。

学习目标 》

能够将所学知识正确地运用到设计过程中。

建议学时 》

18学时

第三章　家具设计作品赏析

设计说明：

　　人无法长久站立，因而有站姿外其他姿势的形成，为满足各种姿势需要，人类设计了种类繁多的家具。这次设计中，我竭力寻求家具形态与人体曲线的完美结合，而"骨头"的结构与形态给予了我灵感，最终设计出了"骨"系列家具。优美的曲线给人的感觉是柔和的却又不失韧劲，我将它应用在我的设计中，希望能给人带来亲切又安全可靠的心理暗示，同时也是通过曲线来适合人体生理结构的需求。在这里，曲线不是为了美丽而设定的，而是为了适合人的需要。

　　材料选用缅甸进口椿木，制作工艺上继承明清家具的榫卯结构方式，采用纯手工打造，最后使用德国"欧诗木"木蜡油润色防腐，以保持实木的本质木色。

□ 功能演示

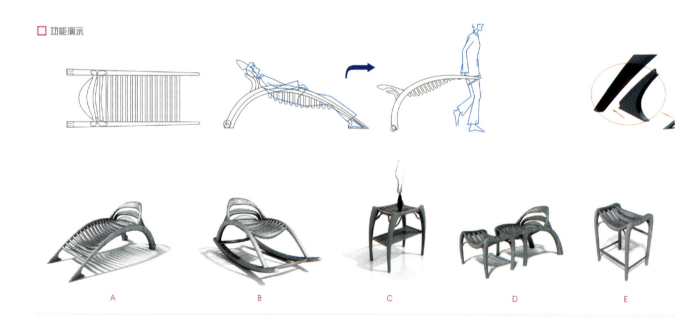

A　　　　　　　B　　　　　　　C　　　　　　　D　　　　　　　E

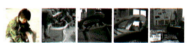

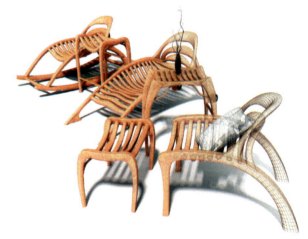

"骨"休闲躺椅设计

作者：毛祖光　　指导教师：张克非

设计点评：这套休闲椅灵感来自骨骼的形态与结构。设计者希望能通过骨骼的形态给人亲切的视觉感受，希望参照骨骼的曲线美设计出符合人体曲线的舒适座椅。在整个设计中我们可以清楚看到作者的努力。座椅的结构延续了中国明清家具的经典榫卯结构，整个设计可谓是：创新而不失传统，张扬而不失稳重。

系列方案　A躺椅　B摇椅　C茶几　D组合椅　E高脚凳 □

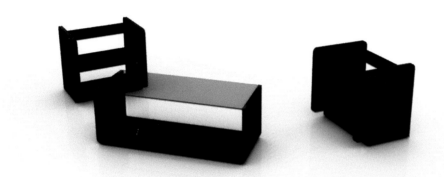

椅子与沙发效果图

躺椅   茶几

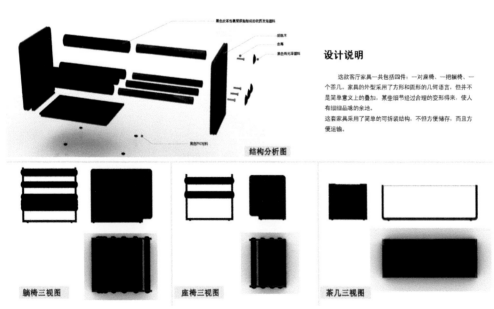

黑色皮革包裹聚苯泡沫制成的软质发泡塑料

胡桃木

合页

黑色有光泽塑料

黑色PVC材料

结构分析图

设计说明

这款客厅家具一共包括四件：一对座椅、一把躺椅、一个茶几。家具的外型采用了方形和圆形的几何语言，但并不是简单意义上的叠加。某些细节经过合理的变形得来，使人有细细品味的余地。

这套家具采用了简单的可拆装结构，不但方便储存，而且方便运输。

躺椅三视图   座椅三视图   茶几三视图

《点、线、面》客厅家具设计

作者：韩晓露   指导教师：张克非

设计点评：《点、线、面》客厅系列家具包括座椅、茶几和躺椅。在外形上采用平面构成基本元素点（圆）、线（柱）、面（板）作为基本的造型语言，摒弃烦琐的视觉感，以简洁立意。但此设计并不是将这些几何要素简单地进行叠加，而是对这些符号要素进行再设计。此设计既有整体统一的视觉效果，又有节奏和韵律的变化。材料选用木材和皮革的搭配。家具采用了可拆装的结构设计，节省空间，方便运输。

材料：皮质沙发 木质框架

这个系列的坐具包括凳，几，椅三种形式，采用的材料分皮质和木材的组合和布艺和木材的组合两种。这款设计的顶视图是一系列的图形，在中间穿插入皮质的沙发和布艺的沙发，结构非常的稳定。几的上表面材质为玻璃，下面可以放东西的区域，使用的是与沙发相同的材质，使得整体统一。

皮质沙发给人高贵的感觉，而布艺沙发更具亲和力。

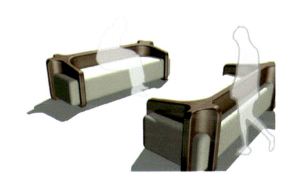

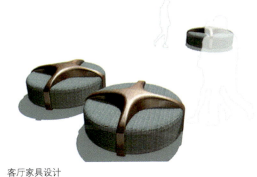

客厅家具设计

作者：赵妍　指导教师：张克非

设计点评：这套家具设计包括凳、几、椅。以木材为基本框架，在框架内部放入皮质的软包或布艺的软包，结构稳定。这套家具的形态分为圆形、方形和三角形三种，通过不同的分割方式，与软包沙发体有机结合成一个整体，整体视觉稳重而大气。

餐厅家具设计
CANTINGJIAJUSHEJI

设计说明：家具的材质为雪松和不锈钢板的组合体，每个单体都有金属连接件链接，可以自行组装和拆卸。

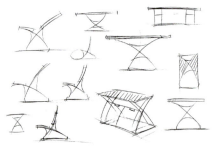

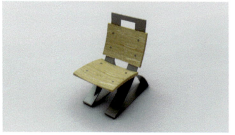

餐厅家具设计

作者：胡维成

指导教师：张克非

设计点评：胡维成的作业是餐厅系列的家具设计。设计新颖有创意，家具内部结构明确，思路清晰明了，设计语言统一，效果图表现明确且较为整体，达到了教学要求，报告书分析系统到位。

书房家具设计

作者：范蒂　指导教师：张克非

设计点评：此设计从多功能着手，重点是产品可以组合成多种形式。造型上，在基本几何形中求变化，将储物功能融入座椅的设计之中，从而达到功能与形式的统一。书架的设计新颖、独特，材质使用合理，可使用多种颜色进行搭配，有较好的视觉效果。

休闲家具设计

作者：彭霄霄　　指导教师：张克非

设计点评：该同学利用多层板易于造型的工艺特点，进行切割和压弯等弧度处理，设计出独特和新颖的造型。利用一种结构形式设计出不同样式的座椅，设计充分考虑到了人机工程学在家具设计中的运用。作品草图分析形式多样，产品效果表现恰当。

办公家具设计
作者：纪飒旎　指导教师：张克非
设计点评：这个设计的灵感来源于儿
时的拼图游戏。组合的书架设计可以
按照人们不同的喜好而随意拼接，自
由移动，灵活性强。曲线的造型设
计，简练、设计感很强。办公桌的设
计采用钢架结构作为支撑，采用滑动
桌板，便于使用时根据个人需要随意
移动。桌板下面的架子和暗格设计，
展示了作者在产品功能上的充分考
虑。

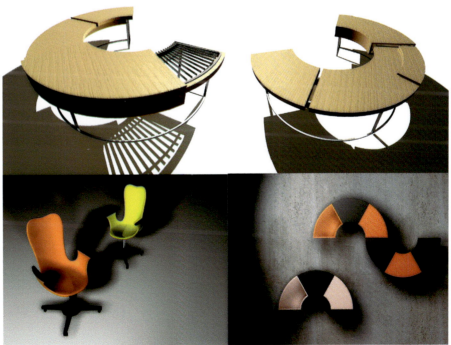

椅子CHAIR

書架SHELF

桌子DESK

THE DESIGN OF FURNITURE

SLIPCOVER

DRAWER

RIVER

THE DESIGN OF FURNITURE

办公家具设计

作者：李寒曦　　指导教师：张克非

设计点评：该同学从材质分析入手，对整个办公家具做了细致而详尽的市场调研。设计方案简洁而不简单，在形态上采用流线设计，功能上寻求整合，注重细节设计。其中办公桌的设计尤为突出，以面的造型为主，又不失线条的韵律感。上下两层的错落给人以强烈的空间感觉，各个部分能够与整体很好地结合在一起，材质运用合理。

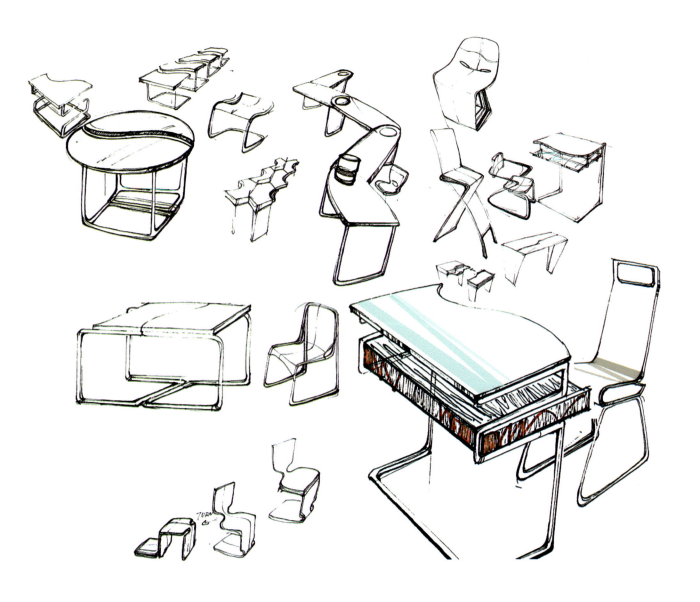

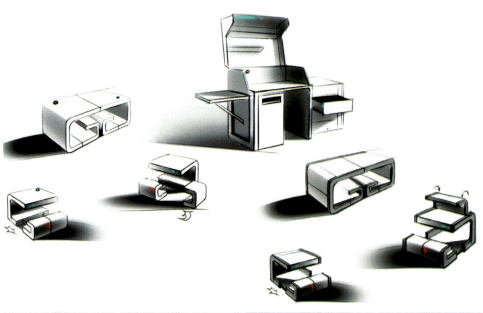

办公家具设计
作者：李奉哲
指导教师：张克非
设计点评：经过详尽的市场
调研，这名学生将设计定位
为小空间办公家具设计，为
时尚白领人士开发设计一套
适合他们使用的办公桌椅。
设计强调对小空间的适应
性，因此功能和造型上的折
叠组合成为此方案的亮点。
同时在材质选用上也十分谨
慎，两侧G字形的支撑结构
采用金属材质，表面部分采
用玻璃钢材质，整套设计简
洁、大方。

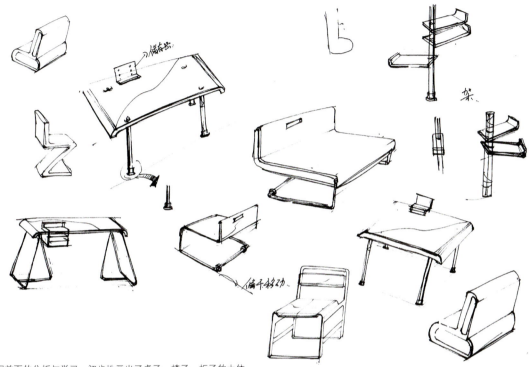

根据前面的分析与学习，初步地画出了桌子、椅子、柜子的大体形态。主要考虑功能性，然后是形态、材料。上面的几款坐具都考虑了伸缩的功能。

办公家具设计

作者：张雪　　指导教师：张克非

设计点评：该设计包括座椅、桌子和书柜，在外形上采用几何形体为设计元素。设计出多种组合方式，整体样式统一。功能性强，结构合理。

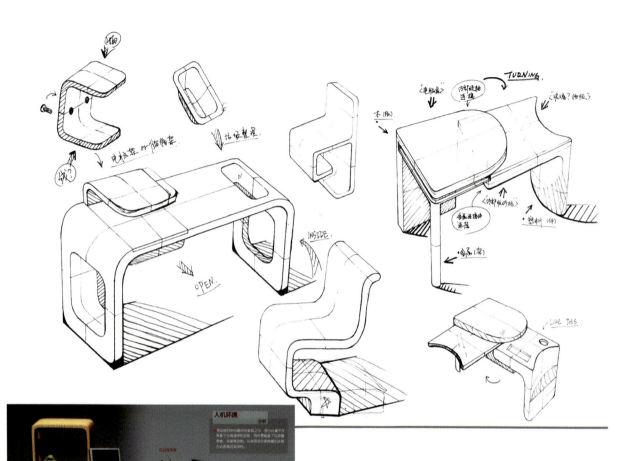

OPEN.

INSIDE.

TURNING.

LIKE THIS.

办公家具设计

作者：张鑫　　指导教师：张克非

设计点评：该学生从功能性角度展开设计，家具多处采用可抽拉结构，因此使用面积就可以自由调整。家具外形简洁干练，结构简易合理。设计材料尝试实木、树脂相结合，实木流露出对原生态的眷恋，树脂却增添了现代的气息。整个设计表现多样，有不同的造型及多种组合方式，充分发挥想象创造出多种使用功能的可能性。

办公家具设计

作者：孙栗　　指导教师：张克非

设计点评：这个设计以简洁为宗旨，在保证功能的前提下尽量简化外部造型，可见设计者在设计时没有忽略生产成本这一现实问题。材料选择实木或板材与钢管框架相结合，自然感与现代感相得益彰。

人机环境分析

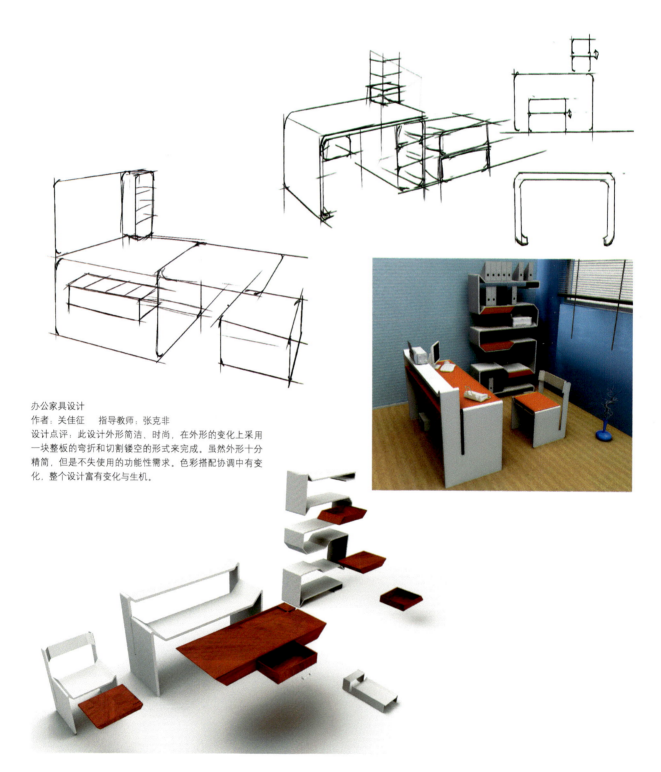

办公家具设计

作者：关佳征　　指导教师：张克非

设计点评：此设计外形简洁、时尚，在外形的变化上采用一块整板的弯折和切割镂空的形式来完成。虽然外形十分精简，但是不失使用的功能性需求。色彩搭配协调中有变化，整个设计富有变化与生机。

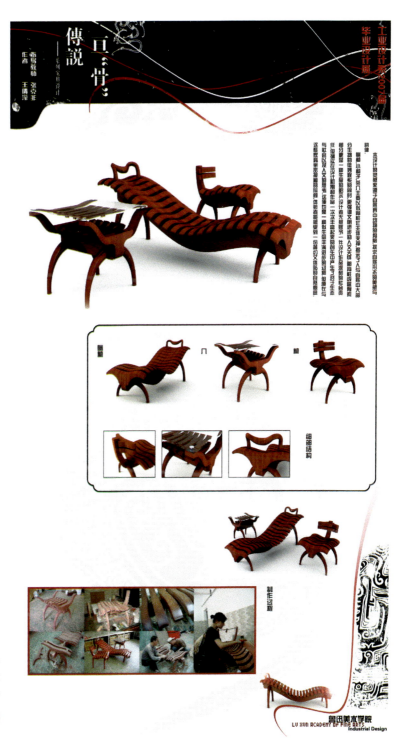

亘"骨"客厅家具设计

作者：王倩莹　指导教师：张克非

设计点评：这个设计的灵感来源于自然界中动物的骨骼，意在探寻自然形态的美感与韵律。设计的主体支撑部分采用类似脊柱的形态变形设计而成，揭示了人与自然的微妙联系，更强调了文明进步的人文关怀。整个设计应用榫卯结构，外形却不拘泥于传统，可谓是中国传统家具的后现代设计。

实木家具设计

设计说明:

　　实木家具的设计在材料上使用樱桃木,纹理雅致,完全用实木制作,自然,环保。在形态上具有中式实木家具风格,也融入了西方现代主义思想,造型简洁,大方,有通透感,曲线温和,打破常规的对称感,在统一中寻求变化,有均衡的美感,框架式结构,便于组装和拆卸,更符合现代人的生活习惯和审美需求。

制作过程:

公共空间家具设计

作者:张茜　指导教师:张克非

设计点评:该设计造型现代感中不失对中国传统明清家具精神的眷态,形态通透,并打破传统的对称形式,在统一中寻求变化,避免在审美中产生视觉疲劳感。结构上采用可拆卸组装形式,充分考虑了运输与储存。

衣架设计

作者：孙莹　指导教师：张克非

设计点评：这是一组立式衣架设计，根据不同的功能需要设计成了各种结构样式，各具特色。衣架的结构大多设计成可收放和旋转的活动结构，随需要收放自如，人性而合理。材料用的是上好的巴西红花梨木，视觉饱满，经久耐用。

设计说明：

此设计为系列（落地式）衣架。从众多设计方案中总结归纳为五个具有不同使用方式、各具代表性的组合概念，其特点是造型独特大方，设计感强，于不变中寻求变化；材料选择上署巴西花梨木料，采用榫作、燕齿等传统与现代工艺相结合的制作方法，做工精良、质地坚硬、色泽红润；可以产生强烈的情感互动，它们与"人"非常亲近，因为它们可以被抚摸、被使用，因为它们并不完美，也因为它们令人感觉期盼，可以激起回忆……

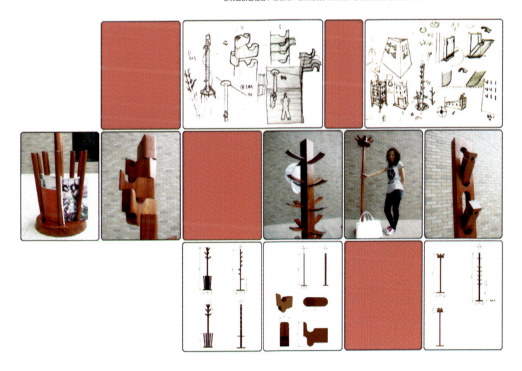

"再现温莎"系列家具设计
作者：韩晓露　指导教师：张克非
设计点评：这是一个系列家具的设计作品。这套家具继承了温莎椅的风格特征，给人以温馨怀旧的感觉。这套家具既再现了经典，同时也有自己的创新，使其更符合现代人的审美品位。整个设计特征明显，功能结构合理，设计手法自然娴熟。

凳

椅子

标准内六角螺钉

铸铁连接件

进口红橡

牛皮

升降桌

沙发椅

书架

衣架

草繪

尺寸圖

素 · 寫

书房家具设计
作者：卢南尧
指导教师：张克非
设计点评：该设计利用木质和金属结合的方法，将自己的设计想法和语言融入其中，既有传统的意蕴，又符合现代的审美。造型别致，细节处理精彩，是一件不可多得的设计作品。

欧洲古典家具主义配以后现代装饰情怀，是此次设计的灵感。一种古典与现代.理性与感性、功能与装饰的折中。

在形态上，"欧饰"系列家具凸显着欧式古典主义风格的轮廓，表面运用现代基础设计理念——平面构成和色彩构成进行装饰，即利用不同材质的色块搭配，既不冷漠也不浮躁，很好地诠释了古典美的含蓄与后现代装饰的奔放。

装饰材料采用的是拉丝铝、亚麻布和椰壳。椰壳肌理近似于实木，装饰效果独特并且强烈。

"欧饰"系列家具设计

作者：崔旭　指导教师：张克非

设计点评：该设计是一种古典与现代、理性与感性、功能与装饰的折中，充满了古典情怀。在形态设计上和材料运用上都兼顾功能的理性思考，能看出设计者在设计过程中的深思熟虑。该作品整体温和素雅，充满层次，给人一种愉悦的、目不暇接的视觉。

風侵·歲月

风，无形，却衬托出万物之状态

风侵，是岁月流逝留下的划痕

选择这个突出粗犷，原始主题的设计风格是为了突出木质家具的自然本质。

自，泛指本体，固有的。然，一种状态的表现。非人为的自身固有状态的体现，我们称之为——自然。以人为本是对以自然为本的拓展，从无中生有，再从有到无生长的规律是客观-主观-客观的过程。作为人类的基础文化回归自然首先应该在起居文化中得到体现。家具作为起居文化的核心同时承载着人文情感，在此基础之上作品将更多的自然设计元素融入到家具产品当中，更好的将自然和人文结合。

风侵的不仅是木痕。还埋葬了人心中的岁月。

休闲空间家具设计

作者：王子健

指导教师：张克非

设计点评：王子健的作品是关于一个休闲空间的家具设计，作者试图表达一种古香古色的意味，木材的做旧，造型的考究，一种古朴的气息扑面而来。

休闲椅设计
作者：王海溟
指导教师：张克非
设计点评：该学生的家具运用了传统的木材与现代金属结合设计而成，材质对比鲜明，既有传统的自然气息，又有现代工业的快节奏感，使人观之不易视觉疲惫。上课过程中积极认真，课后作业完成很完整。

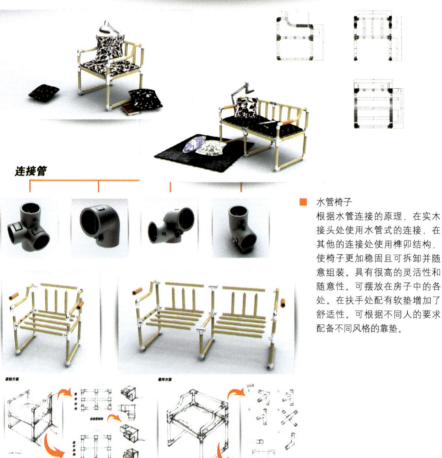

连接管

■ 水管椅子
根据水管连接的原理，在实木接头处使用水管式的连接，在其他的连接处使用榫卯结构，使椅子更加稳固且可拆卸并随意组装，具有很高的灵活性和随意性，可摆放在房子中的各处。在扶手处配有软垫增加了舒适性。可根据不同人的要求配备不同风格的靠垫。

榫卯结构家具设计

作者：刘心峰

指导教师：张克非

设计点评：该学生的家具设计利用传统榫卯结构的特点，运用现代舒适、简约的
设计理念，表达现代人的审美需求，同时也是对古典家具设计理念的一次探讨。

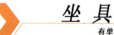

坐具

座椅

设计说明:
有单一的元素在进行组合排列，形成不同风格的坐具。属于现代的椅子，属于元素的组合和创意的集合。实木的家具在转口处采用圆角胶接合，而强化玻璃材质的，采用拼接的方法，组合坐具。外加LED的茶几，组合成完整的小套家具椅子组合。

效果图:

结构图

三视图

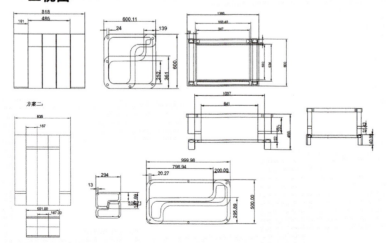

方案二:

休闲家具设计
作者：史方伟
指导教师：张克非
设计点评：史方伟在上课过程中态度认真，积极与指导教师探讨自己对于家具设计的各种想法。最终方案完成得较为系统和完整，结构分析得很准确到位，创意层面上虽然没有许多令人惊喜的想法，但是整体思路还是比较成熟稳重的。

》》》 组合效果

》》》 家具组合方式

》》》 结构图

设计说明：

设计连接方式的灵感来源于激动的火车车轮，在消费者使用这款家具的时候，体会到的不会仅仅是"坐"这一功能，关键是可以享受到与家人一起创造的过程，几个单元件就可以拼接出完全不同的家具造型，每个人都可以是设计师，设计出独一无二的家具，这一点是我设计组合家具最重要的目的，让人人都参与设计，我就是与众不同。

休闲家具设计

作者：张惠子

指导教师：张克非

设计点评：该学生上课积极认真，对于家具的结构剖析得准确细致，材料分析得也很到位，在整个设计的过程中对于家具的可实现性拿捏得很准确。最后作业完成得很认真且完整。

设计说明：
木制的座椅保存着原有的纹理，没经过任何的修饰，搭配上简单的牛皮，既复古又环保。
实木采用榫卯结构，皮料连接采用皮带连接方式，方便拆卸更换。

休闲家具设计
作者：金凤
指导教师：张克非
设计点评：该学生在课程初期就较快地进入课题，明确设计方向，思路清晰，设计语言统一，对结构分析准确，作品清新富有创意，效果图表现明确整体，达到了教学要求，作业分析到位。

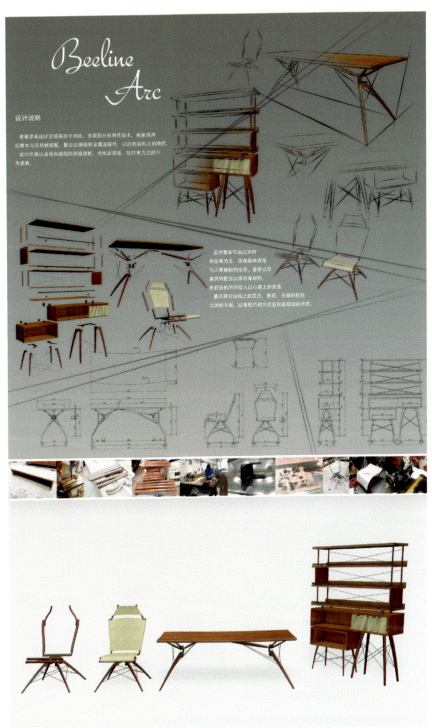

书房家具设计

作者：解永成

指导教师：张克非

设计点评：通过整个设计，能看出该学生的聪明和努力。该设计的最大亮点是结构新颖，金属连接件的穿插，既能起到固定作用，同时本身也作为一种视觉语言传达出来，给人印象深刻。

结构拆解分析

读书凳设计

凳面朝上时，它是一个方便随处携带的小板凳，180度翻转，它变成一个方便阅读的书托，将书籍摊开放在书托上解放双手不必托着书，尤其适合既沉又大的书。其中十字交叉的结构不仅起到坚固支撑的作用，还可以用来储物。

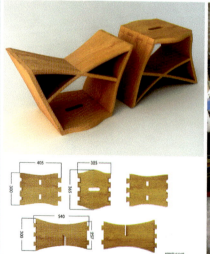

榫卯结构研究

作者：许远

指导教师：张克非

设计点评：这是一个小型家具的设计，将传统的燕尾榫应用到现代家具设计中，结构合理，造型别致。

Doughnut 圈

Revolve 回

Coil 绕

Frame 框

Pair 双

Soft O
chair
design

内部结构圈
采用钢片与钢管结合的结构
保证座椅稳定的同时
大面积的泡棉翘椅
分解压强
缓解了圈腿的压力

《Soft O》是一组家具的尝试设计，而椅子是家具设计的切入点，椅子共有五款，采用统一的设计语言——在软包的管道造型泡棉坐垫下，加上简洁的纤细的钢管腿，使用者可以根据自己的喜好去搭配座椅的外套布料款式以及椅子腿部的漆色，提供给使用者趣味性，是这组座椅设计的第一目的。

餐厅系列家具设计
作者：姜昊言
指导教师：张克非
设计点评：姜昊言的作业是餐厅系列的家具设计。该学生的想法富有创意，家具内部结构明确，设计语言简洁统一，效果图表现明确且较为整体，达到了教学要求，报告书分析系统到位，整体较好。

书房家具设计

作者：韩晓露　　指导教师：张克非

设计点评：这个设计在材料上选用榉木和粗编织布相结合，颜色淡雅，材料自然，入目尽是舒适的感觉，非常适合书房的气息与情感需求。家具上的粗布用大金属按钮和金属挂钩相连接固定，拆洗更换更加方便，符合人性化需求。结构是中国传统的榫卯结构，在连接处形态刻意加粗，既富有曲线的变化又有加固整体的牢固性。桌子的结构设计是亮点，尤其是桌面与桌腿的连接结构，在整体中变化而成，给人意想不到的惊喜。整个设计风格可谓中国传统风与北欧简约明快风的结合。

"螺" 系列家具设计

矮凳　　吧凳

高桌　　扶手椅

衣架

设计说明

这套客厅休闲家具的名字叫"螺"，旨在通过实木与金属件、标准螺钉相结合的结构方式实现家具的可拆卸性，方便运输与储存。

此套家具由矮凳、吧凳、圆桌、衣架、扶手椅等五个单体组合而成，全方位满足居家客厅对家具的功能需求。材料上采用进口红橡木与紫铜板材连接件相结合，给人以强烈的结构感。标准件的运用可使家具的生产实现机器化，适合如今快节奏的生活需要。整套家具的形态来自大自然中的海螺形状，俏皮的螺形化解了金属带来的坚硬感，给使用者带来一丝大自然的问候。

该家具设计易于实现，在加工技术上，木材采用机器和手工并适的加工方式，金属件采用机器批量加工，降低生产成本，整个设计经久耐用，金属也可回收利用。

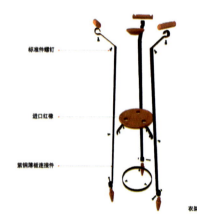

标准件螺钉

进口红橡

紫铜薄板连接件

衣架

结构与材质展示

吧凳　　　　　矮凳　　　　　高桌　　　　　扶手椅

餐柜部分

● 侧视图、前视图

● 榫卯结构拆解爆炸图

● 1储藏柜滑出 2储藏柜半开 3储藏柜全开

酒柜部分

● 前视图、侧视图

● 1酒杯托架 2榫卯结构拆解 3整体效果 4抽屉结构拆解

成长桌椅设计

见证成长的桌椅

设计说明：

此套桌椅的材料采用淡色榉木，给人清新自然的视觉感受，使学习的时光更加放松。桌椅的高度可根据孩子的身高或者需要自由调节，从7岁到17岁，孩子都可以使用。

它是一款见证孩子成长的桌椅。

设计特点：

1. 这套家具只采用传统榫卯结构，结实耐用；

2. 桌椅的高度可自由调整，符合动态人机工程学；

3. 桌子有配套木制文具，它们与桌面用木圆柱连接，360°自由旋转，不会脱落，位置可根据个人需要随意插放；

4. 凳子面为弧形设计，使用更舒适；

5. 桌子的高度范围是650~850mm，凳子的高度调节范围是350~420mm。

"中国风" 组合坐具

尺寸750mm · 750mm · 48mm

椅

尺寸750mm · 500mm · 480mm

凳

尺寸600mm · 600mm · 850mm

几

作品说明

本设计意在探索出一条走向世界的中国家具民族之路，重振中国家具在历史的辉煌，让中华文化在世界家具设计舞台上拥有一席之地。

该作品从材料的选用到结构设计，均从中国传统家具中吸取营养，结合现代人的文化和审美将其概括和总结。注重"材巧工美"之观念，遵循"顺物自然"之朴素工艺思想，坚固"以人为本"之设计原则。

注：本作品用材为黄花梨木，表面采用传统蜡饰工艺。"罗锅枨"和"撇头案"结构意在古为今用之尝试。

"木"枋、"木"源系列 灯具设计

"木"枋系列

"木"枋系列

"木"源系列

"木"源系列

"木"妆系列 客厅家具设计

这套家具组合中的坐具分为木框架结构和软体坐垫两部分，可拆分组合，方便使用。根据需要茶几四角可随意安置小圆形托盘。

实木和金属板家具设计

实木和金属板系列家具设计

设计说明：
本设计的材料采用实木与金属板相结合，连接方式采用
螺丝连接，外观简洁又不乏结构美，给人轻松的视觉感
受的同时令人回味无穷。

设计特点：
1. 家具的材料采用实木和金属板相结合，自然美观的同时，符合现代
人的环保理念；
2. 座椅的上表面采用了弧形设计，符合人机工程学，坐起来更舒适；
3. 座椅腿部设计有圆柱实木脚蹬，方便个别人的坐姿习惯；
4. 此套家具的所有连接方式均采用螺丝连接，一目了然，安装起来非
常简单方便；
5. 可拆装的设计方便储存和运输。

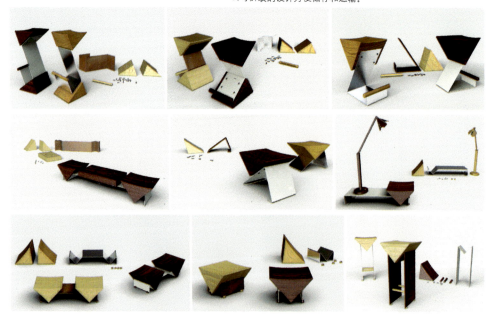

"四兄弟" 坐具设计

此套坐具由扶手椅、吧凳、靠背吧椅和扶手吧椅四件组成，形态上采用柔美简练的曲线为基本特征，符合人体形态对坐具舒适度的要求。结构采用传统榫卯结构，不用一颗螺钉，发扬了中国家具制作的优秀传统。

扶手椅

靠背吧椅

吧凳

扶手吧椅

积木座椅系列设计

设计说明：
本设计采用实木材料，通过对家具结构的拆解与组合，实现一种玩具积木的趣味性，并在使用的过程中学到知识。
设计特点：
1.坐具的靠背、腿、坐面均可拆开另组合；
2.方形椅的坐面由多个单独的木块构成，每一单块表面上都刻有一个汉字；

3.座椅的腿可更换为方便移动的带滑轮的腿，另外有摇椅的弧形腿可随意搭配；
4.配有连接件可将多个座椅连接在一起，方便多人一起使用；
5.圆形座椅座面可更换为LED发光材料，除坐具功能外还具有了灯具的功能；
6.可拆装的特殊结构方便包装和运输。

方形座椅整体效果示意图

方形座椅结构拆解示意图

更换带滑轮椅腿配件示意图

使用连接件连接组合效果示意图

更换摇椅弧形椅腿配件示意图

方形座椅整体效果示意图

更换带滑轮椅腿配件示意图

使用连接件连接组合效果示意图

更换LED灯座面配件效果示意图